彩图1-3 红花椒果实

彩图1-4 青花椒　　　　　　彩图3-8 坐果期

彩图3-9 果实速生期

彩图3-10 果实缓慢生长期

彩图3-11 果实着色期

彩图3-12 果实成熟期

彩图5-1 花椒叶片锈病

彩图5-2 花椒果实锈病

彩图5-3 枝干冻害

彩图5-4 晚霜危害

彩图5-5 日灼1

彩图5-6 日灼2

彩图5-7 天牛危害

彩图5-8 介壳虫危害

彩图5-9 蚜虫危害

花椒优质丰产栽培管理与修剪

HUAJIAO YOUZHI FENGCHAN
ZAIPEI GUANLI YU XIUJIAN

张鹏飞 主编

化学工业出版社

·北京·

内 容 简 介

本书以花椒的管理和修剪技术为核心，介绍了花椒的优良品种、育苗技术、栽植建园、整形修剪技术、土肥水管理、病虫害防治、花果管理与采收加工等内容，对花椒的各项管理技术进行了较为全面的介绍，在花椒修剪和管理上有一定的创新，技术简单实用。

本书图文并茂，适合广大基层农业技术人员、花椒种植户阅读参考。

图书在版编目（CIP）数据

花椒优质丰产栽培管理与修剪/张鹏飞/主编. —北京：化学工业出版社，2021.8
ISBN 978-7-122-39130-8

Ⅰ.①花… Ⅱ.①张… Ⅲ.①花椒-高产栽培 Ⅳ.①S573

中国版本图书馆 CIP 数据核字（2021）第 088761 号

责任编辑：张林爽　邵桂林　　　　装帧设计：韩　飞
责任校对：王素芹

出版发行：化学工业出版社（北京市东城区青年湖南街 13 号　邮政编码 100011）
印　　装：大厂聚鑫印刷有限责任公司
880mm×1230mm　1/32　印张 5¼　彩插 1　字数 112 千字
2021 年 8 月北京第 1 版第 1 次印刷

购书咨询：010-64518888　　　　售后服务：010-64518899
网　　址：http://www.cip.com.cn

凡购买本书，如有缺损质量问题，本社销售中心负责调换。

定　　价：35.00 元

《花椒优质丰产栽培管理与修剪》
● 编写人员名单 ●

主　编　张鹏飞

副主编　李彦平

参　编　刘亚令　李　朝

　　　　赵秀萍　张丽娟

绘　图　史源冲

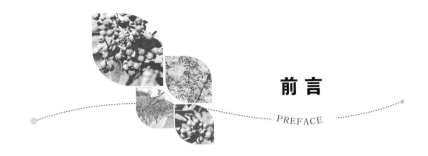

前言

PREFACE

花椒是重要的经济林树种之一，在我国有漫长的栽培历史，花椒在山西、山东、重庆、陕西、甘肃、四川、河南等省（直辖市）栽培广泛，成为许多农村的支柱产业，也是诸多产区借以脱贫致富的产业。受市场因素等的影响，花椒产业近年来呈现蓬勃发展之势，许多地方都出现了亩（1亩≈667米^2）产值过万元的种植户，给花椒产业的发展注入了一针强心剂。长期以来受传统思想的影响，花椒树放任管理现象较为常见，即使是一些丰产示范园，整形修剪也比较落后，究其原因是对花椒整形修剪的理论研究不深入，对花椒的生长特性了解不够，生产中不修剪或者乱修剪的现象比较多见。花椒相关的栽培管理技术是在生产实践中不断摸索，由一些栽培大户、种植能手总结而来，再口口相传，这与花椒的园艺化栽培的要求有很大的差距。

近年来，在山西省科技厅"三区人才"计划项目的支持下，我们深入山西省乡宁县、平顺县、平定县的花椒主产区，与当地椒农广泛交流，又查阅大量资料，一点点地去学习、认识和了解花椒，同时将多年的苹果、核桃、枣等果树管理经验与花椒管理相结合，逐渐摸索出一些花椒修剪、管理的经验，在乡宁、平顺、平定等地开展了一系列的花椒栽培技术培训，受到了大家的欢迎和认可。如何将这些技术经验推而广之，让更多的种植户了解花椒、学会管理花椒成为我们的心愿，于是编写了本书。

山西农业大学张鹏飞任书的主编，柳林县农机服务中心李彦平任副主编，山西农业大学刘亚令、乡宁县林业局李朝、乡宁县生产力促进中心赵秀萍、临猗县综合检验检测中心张丽娟等参加了部分内容的编写，山西农业大学园艺专业 2018 级学生史源冲为本书绘制了插图，山西农业大学段良骅先生在本书编写过程中给予了编者大力帮助。本书的出版，不仅凝聚了编者的心血，更有广大科研工作者和生产实践者的经验总结，在编写过程中我们参阅了大量的相关资料，在此对原作者表示由衷的感谢。书中许多经验技术是借鉴前人而来的，未能一一验证，读者在采用这些技术时，应该先小范围试验，后大面积应用，避免造成不必要的损失。

　　书已成稿，但技术仍在发展，一家之言并不能解决花椒生产中出现的所有问题，只希望能够为读者提供一点点的帮助，书中不妥之处还请广大读者批评指正！

编者

目 录

CONTENTS

第一章　花椒品种及种苗培育

第二章 花椒建园

第三章　花椒整形修剪技术

第四章　花椒土肥水管理

第五章　花椒病虫害防治

第六章 花椒花果管理与采收加工

参考文献

第一章

花椒品种及种苗培育

第一节　花椒主要种类

花椒（*Zanthoxylum bungeanum* Maxim.）是芸香科（Rutaceae）花椒属（*Zanthoxylum* Linn.）植物，落叶小乔木或灌木，主要应用于调味品和医疗方面，是我国传统的香料和调味品树种。花椒属植物约有 250 个种，广泛分布于亚洲、非洲、大洋洲、北美洲的热带和亚热带地区，温带较少，是本科分布最广的一个属。我国花椒属植物有 39 种 14 变种，北起辽东半岛南至海南岛，东自台湾西至西藏东南部均有分布。原产我国的花椒属植物主要有以下几种。

一、花椒

花椒又称秦椒、凤椒、蜀椒等，是我国栽培广泛且经济价值最高的种，几乎遍及全国各地。花椒在甘肃已有两千年以上的栽培历史，北魏时期杰出的农学家贾思勰在《齐民要术》中记载："蜀椒出武都，秦椒出天水"，甘肃陇南、天水一带的花椒以其芳香浓郁、麻味纯正、色泽艳丽而享誉古今中外，早在唐代就被列为贡品。古代宫廷贵族还用花椒香身泥屋，取其温暖有香气，兼有多子多福之意。

花椒为高 3～7 米的落叶小乔木；茎干上的刺常早落，枝有短刺，小枝上的刺为基部宽而扁且劲直的长三角形，当年生枝被短柔毛。复叶有小叶 5～13 片，叶轴常有甚狭窄的叶翼；小叶对生，无柄，卵形或椭圆形，稀披针形，位于叶轴顶部的较大，近基部的有时圆形，长 2～7 厘米，宽 1～3.5 厘米，叶缘有细裂齿，齿缝有油点，其余无或散生肉眼可见的油点，叶背基部中脉两侧有丛毛或小叶两面均被柔毛，中脉在叶面微凹陷，叶背干后常有红褐色斑纹。花序顶生，花序轴及花梗密被短柔毛或无毛；花被片 6～8 片，黄绿色，形状及大小大致相同；雄花的雄蕊 5 枚或多至 8 枚，退化雌蕊顶端叉状浅裂；雌花很少有发育雄蕊，有心皮 3 或 2 个，间有 4 个，花柱斜向背弯。果紫红色，单个分果瓣径 4～5 毫米，散生微凸起的油点，顶端有甚短的芒尖或无；种子长 3.5～4.5 毫米。花期 4～5月，果期 8～9 月或 10 月（图 1-1）。

花椒产地北起东北南部，南至五岭❶北坡，东南至江苏、浙江沿海地带，西南至西藏东南部；台湾、海南及广东不产。常见于平原至海拔较高的山地，在青海海拔 2500 米的坡地也有栽种。产云南西北部的，常见在雌花上有发育的雄蕊，它的花被片的大小有时相差很大。产陕西、甘肃二省南部及四川西部及西北部的，其小叶的边缘有较大的锯齿状裂齿，果梗较纤细且长，分果瓣较小，但色泽鲜红、紫红或洋红色，产其他地区的，其果梗一般较粗而短，分果瓣干后多呈暗红褐色。生于南方的花椒，花期较早，约在 3 月中旬，果期也较早，但果皮

---

❶ 五岭，大庾岭、越城岭、骑田岭、萌渚岭、都庞岭的总称，位于江西、湖南、广东、广西四省（自治区）之间，是长江与珠江流域的分水岭。

图 1-1 花椒

所含油分不如北方的多。青海、宁夏、甘肃、陕西和四川产的最优，辽宁、河北、山东、河南、山西等省产的也属优良。市场上的花椒因产区及采收季节而不同，商品名称也多。西北部分地区和西南产的通称川椒，或称川红椒，亦称大红袍，果皮色红润，油点大，凸起，香气浓，味香而麻辣，无籽，质脆，内果皮淡黄白色，品质最优。至于果皮色淡红，粒小，闭口（尚未开裂去种子）的，其味不纯，属次品。

二、野花椒

野花椒又称花椒、岩椒、青花椒、土花椒等，主要分布于长江以南及华北山地灌木丛中，产青海、甘肃、山东、河南、安徽、江苏、浙江、湖北、江西、台湾、福建、湖南及贵州东北部。

野花椒为灌木或小乔木；枝干散生基部宽而扁的锐刺，嫩枝及小叶背面沿中脉或仅中脉基部两侧及侧脉均被短柔毛，或各部均无毛。复叶有小叶 5～15 片；叶轴有狭窄的叶质边缘，腹面呈沟状凹陷；小叶对生，无柄或位于叶轴基部的有甚短的小叶柄，卵形、卵状椭圆形或披针形，长 2.5～7 厘米，宽 1.5～4 厘米，两侧略不对称，顶部急尖或短尖，常有凹口，油点多，干后半透明且常微凸起，间有窝状凹陷，叶面常有刚毛状细刺，中脉凹陷，叶缘有疏离而浅的钝裂齿。花序顶生，长 1～5 厘米；花被片 5～8 片，狭披针形、宽卵形或近于三角形，大小及形状有时不相同，长约 2 毫米，淡黄绿色；雄花的雄蕊 5～8（10）枚，花丝及半圆形凸起的退化雌蕊均淡绿色，药隔顶端有 1 干后暗褐黑色的油点；雌花的花被片为狭长披针形；心皮 2～3 个，花柱斜向背弯。果红褐色，分果瓣基部变狭窄且略延长 1～2 毫米呈柄状，油点多，微凸起，单个分果瓣径约 5 毫米；种子长 4～4.5 毫米。花期 3～5 月，果期 7～9 月。

野花椒见于平地、低丘陵或略高的山地疏或密林下，喜阳光，耐干旱。适宜温暖湿润及土层深厚肥沃壤土、沙壤土，萌蘖性强，耐寒，耐旱，喜阳光，抗病能力强，隐芽寿命长，故耐强修剪，不耐涝，短期积水可致死亡。

野花椒果作草药，性温，味辛，麻舌，有温中散寒、健胃除湿、止痛杀虫、解毒理气、止痒祛腥的功效，可用于治疗积食、停饮、呃逆、呕吐、风寒湿邪所致的关节肌肉疼痛、脘腹冷痛、泄泻、痢疾、蛔虫、阴痒等病症。

三、川陕花椒

川陕花椒又称大金花椒、皮氏花椒、小叶花椒。本种可作花椒的砧木，果皮可提取芳香油，种子也可榨油。产陕西、甘肃（徽县、成县）二省南部，四川（大金、理县、崇化）。见于海拔2000～2500米山坡或河谷两岸。

川陕花椒为高1～3米的灌木或小乔木，节间短，刺多、劲直、基部扁、褐红色，各部无毛。复叶有小叶7～17片，稀较少；小叶无柄，圆形、宽椭圆形、倒卵状菱形，长0.3～2.5厘米，宽0.3～0.8厘米，中央一片最长、卵状披针形，厚纸质，干后淡褐至黑褐色，两侧对称或一侧的基部稍偏斜，叶缘近顶部有疏少细圆裂齿，齿缝有明显的一油点，中脉微凹陷，侧脉不显，或隐约可见时则每边有3～5条，叶轴常有狭窄的叶质边缘，故腹面呈小沟状。花序顶生；花被片6～8片，宽三角形，长约1.5毫米或稍长；雄花的花梗长5～8毫米，有雄蕊5～6枚，药隔顶端的油点干后褐黑色；退化雌蕊垫状凸起；雌花的花被片较狭长，有心皮2～3稀4个，花柱斜向背弯。果紫红色，有少数凸起的油点，单个分果瓣径4～5毫米；种子径3～4毫米。花期5月，果期6～7月。果皮有浓郁花椒油香气。

四、竹叶花椒

竹叶花椒又称竹叶椒、洋椒子、狗椒、两面针。果皮麻味较浓而香味稍差。产山东以南，南至海南，东南至台湾，西南至西藏东南部。见于低丘陵坡地至海拔2200米山地的多类生境，石灰岩山地亦常见。日本、朝鲜、越南、老挝、缅甸、印度、尼泊尔也有分布。产西藏和云南部分地区的本植物，其叶通常有小叶9～11片，由此向东北各地，如江苏、山东等，其小叶通常5～7片，有时3片。国内有些地区有栽种。全株有花椒气味，果麻舌，苦及辣味均较花椒浓，果皮的麻辣味最浓。新生嫩枝紫红色。根粗壮，外皮粗糙，有泥黄色松软的木栓层，内皮硫黄色，甚麻辣。果亦用作食物的调味料及防腐剂，江苏、江西、湖南、广西等有收购作花椒代品。山地有少量栽培，或作花椒砧木。

竹叶花椒为高 3～5 米的落叶小乔木；茎枝多锐刺，刺基部宽而扁、红褐色，小枝上的刺劲直、水平抽出，小叶背面中脉上常有小刺，仅叶背基部中脉两侧有丛状柔毛，或嫩枝梢及花序轴均被褐锈色短柔毛。叶有小叶 3～9、稀 11 片，翼叶明显，稀仅有痕迹；小叶对生，通常披针形，长 3～12 厘米，宽 1～3 厘米，两端尖，有时基部宽楔形，干后叶缘略向背卷，叶面稍粗皱；或为椭圆形，长 4～9 厘米，宽 2～4.5 厘米，顶端中央一片最大，基部一对最小；有时为卵形，叶缘有甚小且疏离的裂齿，或近于全缘，仅在齿缝处或沿小叶边缘有油点；小叶柄甚短或无柄。花序近腋生或同时生于侧枝之顶，长 2～5 厘米，有花约 30 朵以内；花被片 6～8 片，形状与大小近相同，长约 1.5 毫米；雄花的雄蕊 5～6 枚，药隔顶端有 1 干后变褐黑色油点；不育雌蕊垫状凸起，顶端 2～3 浅裂；雌花有心皮 2～3 个，背部近顶侧各有 1 油点，花柱斜向背弯，不育雄蕊短线状。果紫红色，有微凸起少数油点，单个分果瓣径 4～5 毫米；种子径 3～4 毫米，褐黑色。花期 4～5 月，果期 8～10 月（图 1-2）。

五、青花椒

通常为高 1～2 米的灌木；茎枝有短刺，刺基部两侧压扁状，嫩枝暗紫红色。叶有小叶 7～19 片；小叶纸质，对生，几无柄，位于叶轴基部的常互生、其小叶柄长 1～3 毫米，宽卵形至披针形，或阔卵状菱形，长 5～10 毫米，宽 4～6 毫米，

图1-2 竹叶花椒

稀长达70毫米，宽25毫米，顶部短至渐尖，基部圆或宽楔形，两侧对称，有时一侧偏斜，油点多或不明显，叶面有在放大镜下可见的细短毛或毛状凸体，叶缘有细裂齿或近于全缘，中脉自中段以下凹陷。花序顶生，花或多或少；萼片及花瓣均5片；花瓣淡黄白色，长约2毫米；雄花的退化雌蕊甚短，2～3浅裂；雌花有心皮3个，很少4或5个。分果瓣红褐色，干后变暗苍绿或褐黑色，径4～5毫米，顶端几无芒尖，油点小；种子径3～4毫米。花期7～9月，果期9～12月。

产五岭以北、辽宁以南大多数省区，但不见于云南。见于平原至海拔800米山地疏林或灌木丛中或岩石旁等多类生境。也有栽种。朝鲜、日本也有分布。

另外，花椒属植物还有刺花椒、岭南花椒、墨脱花椒、异叶花椒、微柔毛花椒、翼刺花椒、梗花椒、浪叶花椒、屏东花椒、椿叶花椒、簕欓花椒、石山花椒、糙叶花椒、砚壳花椒、刺壳花椒、贵州花椒、密果花椒、兰屿花椒、云南花椒、广西花椒、拟砚壳花椒、雷波花椒、荔波花椒、大花花椒、小花花椒、朵花椒、多叶花椒、大叶臭花椒、尖叶花椒、菱叶花椒、花椒簕、狭叶花椒、毡毛花椒、西畴花椒、元江花椒等。

第二节　花椒的分类

中国花椒分布及品种极为复杂，一般以果实色泽、风味香型、果实形状、产地等进行分类。

一、按花椒果实色泽分类

1. 红花椒

红花椒为芸香科植物花椒的干燥果皮。其多为球形蓇葖果自顶端沿腹背缝开裂，呈基部相连的两瓣状，直径4～5毫米。果实基部有小果柄及1～2个未发育的颗粒状离生心皮（图1-3）。外果皮表面呈红棕色或红紫色，皱缩，有多数点状突起及凹下的油腺；内果皮光滑，淡黄色，薄革质，常由基部与外果分离而反卷；残留种子黑色；有特殊香气，味麻辣而持久。主产河北、山西、陕西、甘肃等地，青海、山东、四川、湖北等省亦有分布。

2. 青花椒

青花椒为芸香科植物青椒的干燥果皮（图1-4）。其多为2～3个上部离生的蓇葖果，直径3～4毫米，顶端具短小喙尖。外果皮表面呈灰绿色、黄绿色至棕绿色，有网纹及多数凹下的小点状油腺；内果皮光滑，灰白色或淡黄色，与外果皮分离或卷起，残存种子卵形，黑色有光泽。气香，味微甜而后

图 1-3　红花椒果实（见彩图）

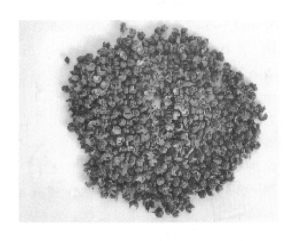

图 1-4　青花椒（见彩图）

辛。青花椒除了麻味还有较浓的清香味，主要用于强调清香味的菜肴，如椒麻鸡、青椒兔等菜肴就需要用青花椒来做才够味。另外，青花椒也可以用来制作青花椒油，比红花椒制作的花椒油更具清香味。主产辽宁、吉林、黑龙江、河北、江苏等地，内蒙古、安徽、福建、湖北、湖南亦有分布。

二、按花椒产地分类

花椒是一种重要的经济作物，在我国广泛分布于北起东北南部，南至五岭北坡，东南至江苏、浙江沿海地带，西南至西藏东南部的广大地区，长期以来形成了许多著名产区。

1. 四川

（1）茂县花椒　茂县花椒栽培历史悠久，质地优良，主栽大红袍花椒是"西路花椒"代表品种，其果实以油重粒大、色泽红亮、麻香醇浓的独特风味，在市场上享有较高声誉。茂县花椒系川西北高原羌寨无公害自然绿色特产，茂县花椒因其浓郁的椒香而曾被称之为"贡椒"。

（2）汉源花椒　汉源花椒，国家原产地域保护识别产品，产于中国花椒之乡汉源县境内，史称"黎椒"。主产于四川省大相岭泥巴山南麓，属亚热带季风性湿润气候，冬暖夏凉，四季分明，高地寒冷，河谷炎热，雨量偏少且不均，气候垂直变化大，得天独厚的气候生态环境孕育了汉源花椒油粒重大、色泽丹红、芳香浓郁、香麻可口，品质优良。

（3）九龙花椒　九龙花椒素有"贡椒"之称，是四川省甘孜藏族自治州九龙县的著名特产，海拔 2200 米至 2800 米是花椒最适宜生长的生态区。九龙花椒紫红色，颗粒硕大饱满、麻香浓郁、味道纯正、油润色鲜。九龙花椒因其香醇可口久负盛名，其中又以"正路椒""高脚黄"等更出名。九龙花椒可除各种肉类的腥气；促进唾液分泌，增加食欲；使血管扩张，从而起到降低血压的作用；服花椒水能去除寄生虫；有芳香健胃、温中散寒、除湿止痛、杀虫解毒、止痒解腥的功效。

（4）金阳花椒 金阳县县境气候属亚洲大陆东部季风区域中亚热带的云南高原-察隅气候区。夏半年以西南季风为主导，高温多雨；冬半年，大气宁静，云雨稀少，晴天多，空气干燥，气候暖和，干湿季分明。所产青花椒颗粒硕大，麻味纯正、浓郁，为各类花椒之首，是涪陵榨菜、川渝火锅、川菜等知名品牌必不可少的调味品，且具有很高的医疗价值，有散寒除湿、止痛、杀虫解毒等功效。金阳青花椒富含人体必需的维生素 B_1、维生素 B_2、维生素 E 等维生素类及类黄酮和镁、铁、锌、硒、铜等微量元素以及亚麻酸、亚油酸等多种不饱和脂肪酸。其提取物可作为高级调香原料、化妆品添加剂和传统医药原料。

2. 陕西

（1）凤县花椒 凤县花椒是国家质检总局正式公布的大红袍花椒原产地域保护产品。2005 年 1 月，国家林业局（现国家林业和草原局）正式将凤县命名为"中国花椒之乡"。凤县由于独特的地域气候优势，当地的大红袍花椒，以粒大、色艳、味浓、肉厚、果柄有小瓣、形似双耳闻名遐迩，被称为"凤椒"。近年来，凤县把大红袍凤椒当作特色主导产业来抓，目前已拥有 3000 万株的规模。

（2）韩城花椒 韩城大红袍花椒以穗大粒多、皮厚肉丰、色泽鲜艳、香味浓郁、麻味适中而久负"中华名椒"之盛誉。韩城大红袍花椒籽含有大量花椒油素，提取后可作为食用油或工业用油，含钾量高并含有各种氨基酸。韩城大红袍花椒籽出油率较高，榨油后的韩城大红袍花椒籽仁渣经加工可制成蛋白粉或饲料添加剂，韩城大红袍花椒籽壳可加工成有机肥料。

（3）富平花椒 陕西富平县花椒栽培历史悠久，并因地制宜地选育出了许多优良的栽培品系，其中齐椒是花椒中的优良品种。齐椒果实中等大小，为圆形，果柄较细，经晾晒后椒壳开裂为两瓣，壳面呈皱纹为鲜红色，壳内呈金黄色。齐椒较一般花椒粒大肉厚、麻味足、香味浓被誉为"诸料之王"。果皮含芳香油，提取精制后可作香精，既可食用，更可工业用。

3. 甘肃

（1）积石山花椒　积石山县是坐落在甘肃省西南部的一个小县城，县名全称"积石山保安族东乡族撒拉族自治县"，自1999 年，积石山县被列为全省退耕还林生态环境建设试点县，该县花椒种植面积迅速增加，截至 2017 年花椒种植总面积达到 30 万亩，已挂果近 12 万亩，多个乡镇花椒收入已成为农民的主要经济来源。

（2）武都花椒　甘肃陇南武都，地处陕、甘、川三省交界，是中国花椒最佳适生区之一。武都盛产的大红袍花椒以其色红油重、粒大饱满、香味浓郁、麻味醇厚、药效成分多、精油含量高等优良品质著称。其充足的光照、干燥、少雨、高热量河谷盆地效应气候环境，提高了武都花椒果实膨大期的坐果率，提高了疣状凸起油腺点数量和果实含油率，提高了武都花椒果皮着色品质。

（3）甘谷花椒　甘谷位于渭河流域河谷地区，气候温润，光照充足，土质肥沃，灌溉良好，具有适于花椒栽培的得天独厚的土壤、气候和种植条件。甘谷农民历来就有种植花椒的习惯，房前屋后、田埂垄间都种满了花椒。甘谷花椒肉厚饱满，籽粒圆实，质量上乘，有许多优良品种，尤其是大红袍，品佳香殊，一直备受海内外客商的青睐。

（4）临夏花椒　花椒是临夏县的优良乡土树种。临夏县土地资源丰富，光照充足，气候温和，历来有种植花椒的习惯，受刘家峡水库气候影响，加之从大夏河引水上塬，最适宜花椒种植。该地花椒有绵椒和刺椒之分，刺椒发芽早，品质好，价格高，但产量稍低，不耐冻；绵椒发芽迟，品质稍逊，价格低，但产量高，耐冻。为确保收成，两个品种均有种植。

4. 河北

涉县花椒。涉县是全国花椒重点产区县之一，已有两千多年的栽培历史，涉县花椒品种主要有大红袍、二红袍、白沙椒、枸椒等。其中大红袍、二红袍品质最佳，以其粒大、皮厚、色艳、味香而著称，素有涉县"十里香"之称，在国内外花椒市场上享有盛誉。涉县花椒以"绿色、有机、安全"著称，已被国家质检总局批准为地理标志保护产品。

5. 山西

（1）芮城花椒　年产干椒约500万公斤，主栽品种为大红袍，素以色艳、皮厚、味浓、粒大而闻名。2015年被授予"中国花椒之乡"。

（2）平顺花椒　平顺县是中国最早栽培花椒的地区，据记载，早在唐代平顺县就开始种植花椒。1994年平顺大红袍花椒获全国名特优新林业产品博览会花椒唯一金奖，之后被民政部命名为"中国大红袍花椒之乡"。

（3）乡宁花椒　乡宁县先后在全县建成了枣岭沿黄花椒带、韩咀5000亩花椒园区和昌宁百华里花椒走廊。目前全县已发展花椒树1200万株，成为全国第二大花椒产区，花椒产业带来的经济效益和生态效益日益凸现。

6. 重庆

江津花椒。重庆江津种植花椒历史悠久，地理气候条件优越，所产花椒麻香味浓，并且富含多种微量元素，出油率高，不仅是优良的调味品，而且经加工可获得多种名贵的化工原料。江津花椒，其品种叶片多至九叶，故得名"九叶青"。江津花椒果实饱满、色泽油润、清香扑鼻、麻味纯正，食之可增食欲，是烹饪调味之佳品，更兼有治疗肾虚耳鸣、明目、杀虫、祛脚气之功效。

第三节　花椒主要优良品种

人工栽培的花椒在植物分类学上主要是花椒这一个种，由于我国花椒一直沿用种子育苗的实生繁殖办法，加之栽培范围广泛，受遗传变异内因和各地气候外因影响，产生的变异较多，可以根据不同特点划分为许多品种，生产中主要有大红袍、小红袍、白沙椒、豆椒、大花椒、小椒等。花椒同名异物、同物异名现象比较常见，同一品种各地也都有不同命名和叫法，因此在花椒品种的认定上要以其所具有的特征来加以区别，不能只看叫什么名字。现对主要栽培品种介绍如下，栽种时要因地制宜，选择合适的品种。

一、大红袍

大红袍也叫狮子头、大红椒、疙瘩椒、秦椒、凤椒等。

大红袍以粒大、色红、味浓、醇香而享盛誉，是我国分布范围较广、栽培面积最大的花椒优良品种。大红袍花椒中各地也有许多选择出来的品种，如无刺椒、韩城的'黄盖椒'、甘肃的'秦安1号'等。

灌木或小乔木，在自然生长情况下，树形多为圆头形或丛状形。一年生新梢紫绿色，小枝硬、直立、节间较短，果枝粗壮，多年生枝灰褐色，刺大而稀，基部宽厚，常退化，随枝龄增加，刺尖钝化而成瘤状物。羽状复叶有小叶5~11片，叶片广卵圆形，叶尖渐尖，叶色浓绿，叶片较厚有光泽，表面光滑蜡质层较厚，油腺点不甚明显。

果梗较短，果穗紧密，粒大而均匀。成熟的果实浓红色，表面有粗大、明显的疣状腺点；麻味足，香浓，种皮红色，干后不变，结果较稀，品质上，种子含油率高，可达 30%。果成熟期在立秋前后，即 8 月上旬至 9 月上旬。不易裂果，采收期可延迟 1 个月左右，采收期过于干旱则会导致果实在树上大量开裂。4～5 千克鲜果可晒制 1 千克干椒皮。

大红袍花椒丰产性强，喜肥抗旱，但不耐水湿、不耐寒，适宜在海拔 300～1800 米的干旱山区和丘陵区的梯田、台地、坡地和沟谷阶地上栽培。在贵州、陕西、甘肃、山西、河南、山东等省广泛栽培，并形成许多不同的生态类型。

无刺花椒是一种皮刺较少的类型，因方便采收而受到人们的重视，局部地区有少量栽培，需通过嫁接方法进行繁育。自然生长情况下，无刺花椒树冠多为圆头形或无主干丛状形，在盛果期，树高能达 4 米左右，树势比普通大红袍品种健壮，分枝角度大，且树姿开张；1～2 年生的实生幼树有不发达的皮刺，而且没有普通大红袍皮刺浓密，3 年生以上的树随着新梢的增加、枝势的缓和，新梢不长皮刺，原 1～2 年生部位的皮刺会随着树的生长逐渐退化脱落；果梗较短，果穗紧密，果粒中等大，直径 4.5～5 毫米。成熟的果实枣红色，鲜果千粒重 75 克左右。8 月中下旬成熟，属中熟品种。该品种晒干的椒皮呈紫红色，出皮率较高，每 3.5～4 千克鲜果可晒制 1 千克干椒皮。

新品种'无刺椒 1 号'由河北省林业科学研究院从大红袍中选出，小乔木，孤雌生殖。树姿较直立，枝条稀疏，枝干光滑，刺极少且小。果实圆形，较大，纵、横径为 6.17 毫米、

5.47毫米，果皮鲜红色。鲜果千粒重91.6克，椒皮千粒重19.87克，出皮率21.69％。平均穗粒数29粒，果实腺点较多、大而突出，香味较浓，8月下旬成熟。萌芽力、成枝力弱。较耐干旱瘠薄，丰产、优质、抗逆性较强。

'秦安1号'是一个短枝型新品种。喜肥水、抗干旱、抗寒冷、耐瘠薄、不怕涝、适应性强，特别是抗寒性表现明显。在海拔1000～1800米之间的干旱、半干旱地区均生长良好，若立地条件好，丰产性能更强。三年挂果，结果率在70％以上，果大、果梗较短，成熟的果实浓红色，表面有明显疣状腺点，果穗大而成串，故俗称"串串椒"。成熟的果实不易开裂，采收期较长，采摘方便、省工。且树势强健，树姿半开张，树形基本不经人工整修，自然成开心形。叶色浓绿，较大而厚，有光泽，油腺点不大明显，皮刺大，叶正面有突出较大刺，叶背面有不规则小刺。具有早熟、丰产、优质、性状稳定、抗逆性强、采摘容易、适生范围广、低脂肪、高维生素、蛋白质含量丰富等特点。

二、大红椒

大红椒又称油椒、豆椒、二红袍、二性子等。

大红椒树势健壮，树姿开张，分枝角度大，树冠圆头形，盛果期树高2.5～5米。当年生新梢绿色，一年生枝褐绿色，多年生枝灰褐色。皮刺基部扁宽，尖端短钝，并随枝龄增加，常从基部脱落。小叶片较宽大，卵状矩圆形，叶色较大红袍浅，腺点明显。

果实8月中下旬成熟，属中熟品种。果实成熟时表面鲜红色，并具粗大疣状点。果穗松散，果柄较长，果实颗粒中等、大小均匀，直径4.5～5.0毫米，鲜果千粒重70克左右。晒干后的果皮呈酱红色，果皮较厚，具浓郁的麻香味，品质优。3.5～4.0千克鲜椒晒制1千克干椒皮。

大红椒丰产、稳产性强，喜肥耐湿，抗逆性强，适宜海拔1300～1700米，房前屋后地埂路旁皆可栽植。甘肃、山西、陕西、河南、山东、四川等省均有栽培，以四川的汉源、泸定、西昌等地栽培最为集中。

三、小红椒

小红椒又称小红袍、米椒、小椒子、黄金椒、马尾椒等。

小红椒树势中庸，树姿开张，分枝角度大，树体较矮小，树冠扁圆形。盛果期树高2～4米。当年生枝条绿色，阳面略带红色，一年生枝条褐绿色，多年生枝灰褐色，枝条细软，易下垂，萌芽率和成枝率高，皮刺较小、稀而尖利。叶片较小且薄，叶色淡绿。

成熟果实鲜红色，果梗较长，果穗较松散，果实颗粒小，直径4.0～4.5毫米，大小不太均匀，鲜果千粒重58克左右。果实8月上中旬成熟，属中熟品种，成熟后的果皮易开裂，成熟期不集中，采收期短。约3.5千克鲜椒晒制1千克干椒皮。晒制的椒皮颜色鲜艳，麻香味浓，特别是香味大，品质上乘，出皮率高。现华北地区各省都有栽培，其中以山西的晋东南地区和河北的太行山区栽培集中。

四、枸椒

枸椒又称高椒黄、野椒、臭椒。

枸椒树体健壮、分枝角度较小，树姿半开张。一年生枝褐绿色，皮刺大而尖，基座大，多年生枝干上的皮刺尖部脱落成瘤状。果枝粗短，尖削度大，奇数羽状复叶互生，叶片较宽大，卵状矩圆形，平展，嫩绿色，蜡质层厚。

果穗不紧凑，果梗较短。果粒大，鲜果千粒重 85 克左右。成熟果实枣红色，色泽鲜艳，晒干后的椒皮呈紫红色。9 月上中旬成熟，成熟后果皮不易开裂，采收期长。

其丰产性强，单株产量高。土壤瘠薄时树体寿命短，易形成"小老树"。

五、白沙椒

白沙椒又称白里椒、白沙旦。

白沙椒树势健壮，树姿较开张，分枝角度大。盛果期树高 2.5～5.0 米。当年生枝绿白色，一年生枝淡褐绿色，多年生枝灰褐色。皮刺大而稀疏，在多年生枝的基部皮刺常脱落。叶片较宽大，叶轴及叶背稀有小皮刺，叶色淡绿。

果梗较长，果穗蓬松。果实颗粒大小中等，鲜果千粒重 75 克左右。果实 8 月中下旬成熟，成熟时果实淡红色，晒干后干椒皮呈褐红色，麻香味较浓，但色泽较差。

白沙椒生育期短，结果早，丰产性和稳产性均强，几乎无隔年结果现象，耐贮藏。但椒皮色泽较差，市场销售不太好，不可栽培太多。在山东、河北、河南、山西栽培较普遍。

六、豆椒

豆椒又称白椒。

豆椒树势较强，树姿开张，分枝角度大，盛果期树高为 2.5～3.0 米。当年生枝绿白色，一年生枝淡褐绿色，多年生枝灰褐色。皮刺基部宽大，先端钝。叶片较大，淡绿色，小叶长卵圆形。

果实成熟前由绿色变为绿白色，果皮厚，颗粒大，直径

5.5~6.5毫米，鲜果千粒重91克左右。果梗粗长，果穗松散。一般4~6千克鲜果可晒制1千克干椒皮。果实9月下旬至10月中旬成熟，果实成熟时淡红色，晒干后呈暗红色，椒皮品质中等。

豆椒抗性强，产量高，在黄河流域的甘肃、山西、陕西等省均有栽培。

第四节 花椒育苗技术

花椒实生苗变异较小，长期以来生产中花椒苗木以实生苗为主，近年来有人尝试进行扦插育苗和嫁接育苗。

一、种子的采收与贮藏

1. 种子采收

花椒树品种较多，一般选择品种纯正、生长健壮、抗逆性强、丰产、结果早、品质优良、生长地势向阳、无病虫害的盛果期的树（12~15年生）作采种母树。一般年份小红椒在立秋节气采集，二红椒、白沙椒在处暑节气采集，大红袍在白露节气采集。如果采种过早，种子未成熟，种子内部营养物质积累不充分，发芽率低，苗木质量差；采种过晚，种子易脱落，采种困难。充分成熟的果实外皮紫红色，种皮蓝黑色、有光泽，颗粒饱满。

采集后种子要在通风良好、干燥的室内或阴凉通风处晾干，经常翻动，待果皮干裂后，用小棍轻轻敲击，使种子从果皮中分离出来，以免霉烂。忌用烘烤机或置于阳光下暴晒，以免灼伤种胚，降低种子发芽率。有研究表明每高温暴晒1小时可使发芽率降低约10%，暴晒一天可使发芽率降至很低水平，不再适合作种子。种子脱出后，去杂、去秕、水选便得到净种。

2. 种子贮藏

花椒种子外壳坚硬，含有油脂、蜡质，不易吸水，渗透性差，难发芽，常温下贮存寿命较短，春播种子须进行种子冬季贮藏，在贮藏过程中完成种子后熟、脱去油脂等。

（1）层积处理 用此方法处理的种子出苗齐，出苗早，是规模化育苗的一个重要技术环节。层积处理在土壤封冻前进行，选通风、背阴而高燥处挖贮藏坑，坑深50~100厘米，长宽以种子多少而定，将种子和3~5倍的河沙充分混合，沙的湿度以手握成团一触即散为宜，先在坑底填10厘米的湿沙，然后将种子和沙混合后填于坑内，填至距地面10厘米时整平，铺一层通气较好的编织袋，覆盖15厘米厚的土壤。第二年土壤化冻后取出播种（图1-5）。

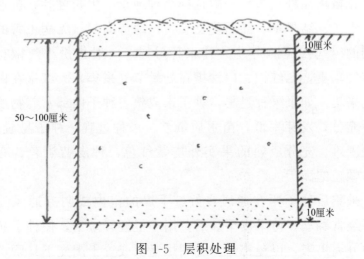

图1-5 层积处理

（2）草木灰贮藏法 即秋天用3~5倍于种子的草木灰与

种子混合，加水搅拌均匀，进行贮藏，并经常保持湿润。

（3）泥饼包藏法　取花椒种子1份，与牛粪、草木灰、黄土各1～1.5份，或种子1份、牛粪2份、黄土2份，混合均匀，加水做成泥饼，再将泥饼放入泥浆中粘浆，阴干后即可放在阴凉、干燥、通风的室内贮藏。

（4）牛粪拌种法　用新鲜牛粪6～10份，与花椒种子1份混合均匀，放在阴凉干燥的地方。也可将牛粪与种子搅拌好后，埋入深30厘米的坑内，上面盖10厘米厚的土，盖实后覆草，次年春季取出打碎连同牛粪一起播种。

3. 种子处理

播种前为使花椒苗出土早、苗齐、苗壮，提高出苗率，要先进行催芽。有活力的种子切开后种仁应呈乳白色。胚和胚芽界限不分明的则多为陈旧或霉变的种子，大多已失去发芽能力，不能用于播种育苗。

（1）开水烫种　将种子倒入体积为种子2倍的沸水中，搅拌2～3分钟取出，温水浸泡3～4小时，待少数种皮开裂后，即可从水中捞出，放在温暖处，用湿布遮盖，保持种子湿度和温度，1～3天后有白芽突破种皮即可播种。

（2）碱水浸种　将200克洗衣粉加少量温水溶化，然后加50千克温水（50～60℃），倒入水缸或水盆内。将要处理的种子倒入洗衣粉溶液里，用木棒等反复搅搓，搓至种皮变成褐色为止。溶液中因混有搓掉的油脂，黏度较大，搓洗后换清水浸泡种子6～10小时，软化种皮，再用清水反复冲洗，直至种皮无油脂时捞出晾干待播。

（3）牛粪混合催芽法　在排水畅通处挖30厘米深的坑，将牛粪、马粪和花椒种子各一份，搅拌均匀后放入坑内，灌透水后塌实，上面盖3厘米的湿土，如温度过高，上面土层变干后应洒水，以保持覆土的湿度，7～8 天后种子萌动，即可进行播种。

（4）沙藏催芽　将沙藏过的种子在播前 15～20 天移到向阳温暖处堆放，堆高不超过 40 厘米，盖以塑料薄膜或草席，洒水保湿，1～2 天倒翻一次，萌动时播种。

二、实生苗培育

1. 圃地选择

花椒喜温，尤喜深厚、肥沃、湿润的沙质壤土，在中性或酸性土壤中生长良好，在山地钙质壤土上生长发育更好。因此要选择地势平坦、水源方便、排水良好、土层深厚而土壤结构疏松的中性或微酸性的沙质壤土地块作为育苗基地。选农耕地为育苗地时，前茬作物切忌为白菜、玉米、马铃薯、瓜类等须根系作物，宜选择前茬为豆类等直根系作物或经过伏耕冬灌的间歇地为好。沙质土、黏重土壤和盐碱度偏高的土壤，不宜选作育苗地。

2. 播种时间

花椒育苗在春季或秋季播种。

春季降雨较多、土壤湿润或有灌溉条件的地方可以春播。春播多在 3 月中旬至 4 月上旬，地表下 10 厘米处土温达到 8～10℃时进行。春播的种子要进行沙藏和催芽处理。根据催芽情况确定具体播种时间，在播种前 7～10 天育苗地进行浇水，黄墒（田间持水量的 60%）时播种。

秋播时晚熟品种可随采随播。一般在 10 月下旬至 11 月上旬、土壤封冻前。种子在土壤中完成后熟过程，第 2 年春季出苗早、出苗齐，扎根深，苗木生长期长。且秋季土壤墒情好，播种简单，抗旱能力强，出苗率高。有条件的秋季播种后要浇冻水。

3. 播种方法

整地前深耕 30 厘米，亩施农家肥 3000 千克、过磷酸钙 50 千克或碳酸氢铵 100 千克。地整平后做宽 1 米、长 10 米的畦。把畦面整平，开深 3～5 厘米的沟，沟距约 20 厘米，每畦开沟 4～5 行。每亩播种量 6～8 千克，播前浇足底水，将种子均匀撒入沟内，覆土 2～3 厘米。覆土后轻轻镇压，不可埋种太深，保证种子和土壤紧密结合。为保蓄水分，减少灌溉，抑制杂草，防止鸟兽危害，提高发芽率，播种后可用麦糠或者锯末覆盖增温保墒、防止板结，也可以用地膜覆盖保墒。

4. 苗期管理

（1）间苗定苗　分 2～3 次进行，每次间隔半个月左右。当苗木高度 3 厘米时就要进行第一次间苗，幼苗长到 5～10 厘米时，要适时浇水、进行间苗定苗，株距 10～15 厘米，每平方米留苗 40～45 株，每亩出苗 3 万株左右。间苗、定苗、留苗要均匀，留壮去劣，留高去矮，留健去病。定苗时比计划产苗量多留 8%～10%。如有缺苗断垄现象，要进行移栽补苗，间出的幼苗，可连土移到缺苗的地方，也可移到别的苗床上培育，移栽时间以幼苗 3～5 片真叶时为好，在移栽前 2～3 天进行灌水，以利挖苗保根，阴天或傍晚移栽可提高成活率。

（2）防止日灼　地膜覆盖苗床一般 15～20 天就可出齐苗。幼苗刚出土时，如遇高温暴晒的天气，嫩芽尖端往往容易枯焦或幼苗被地膜压弯，应及时将平铺地面的薄膜改为小拱棚，并经常观察棚内温湿度变化，保持棚内温度不超过 30℃、湿度

80％以上，当苗木大部分出土时应进行通风练苗，逐渐撤掉塑膜。或及时在地膜上均匀打孔通风，每平方米 30～40 个小孔，通风一周后在阴天或傍晚去除地膜。秸秆覆盖要在幼苗 2 片真叶时撤除。

（3）中耕除草　当幼苗长到 10～15 厘米时，要适时拔除杂草（松土除草、人工拔草或化学除草剂除草），以免杂草与苗木争肥、争水、争光。中耕有利于减少土壤水分蒸发、防止板结，利于苗木生长。一般在苗木生长期内应中耕锄草 3～4 次，使苗圃地保持土壤疏松、无杂草，阻止土壤水分散失。秋季播种的应在翌春土壤解冻后浅锄松土。春季播种的一般不需要松土，但浇水后地表板结时应进行松土。

（4）施肥　花椒苗出土后，5 月中下旬开始迅速生长，6 月中下旬进入生长最盛时期，也是需肥水最多的时期。这段时间每亩苗床一般每次追施尿素 10～15 千克、硫酸铵 20～25 千克或腐熟人粪尿 1000 千克左右，共追肥 1～2 次。对于生长偏弱的，可于 7 月上中旬再追一次速效氮肥，不可过晚，否则苗木不能按时落叶、苗木徒长、木质化程度差，不利苗木越冬。可采用土壤或叶面追肥，肥料以尿素、硫酸铵、复合肥为主，一次使用量为 20～25 千克/亩；叶面追肥浓度为 0.5％～1％，最少喷施 3 次，弱苗可多追 1 次。

（5）灌水　幼苗出土前不宜灌水，否则土壤容易板结，幼苗出土困难。出苗后根据天气情况和土壤含水量决定是否灌水，一般施肥后最好随即灌 1 次水，使其尽快发挥肥效，雨水过多的地方，要注意及时排水防涝，避免积水。

（6）防治病虫害　花椒幼苗常有立枯病、花椒蚜虫、凤蝶和花椒锈病等危害，除注意选择好苗圃地外，对土壤和种子亦应消毒杀菌，幼苗及时喷药防治病虫害。

三、嫁接苗培育

嫁接是果树常用的育苗方法，但在花椒上应用还较少，花椒嫁接育苗的环节包括砧木苗的培养、嫁接、嫁接后的管理等。嫁接树与同为 3 年树龄的自根树相比，在树高、树冠投影、主干周长及复芽数量等方面，都有显著的优势。

1. 砧木苗的培育

砧木苗的培养方法同实生苗的培育，最好采用条播的方式，便于嫁接操作。选择生长健壮、无病害、基径在 0.5 厘米以上的实生苗作为砧木。实践证明砧木越粗，嫁接成活率越高，此外还要抹除距地面 10 厘米以内的刺，便于操作。

2. 接穗的采集

一般采用枝接法，发芽前 20～30 天选取品种优良、无病虫害、芽体充实、粗度在 0.4～0.6 厘米的一年生枝条作接穗。采回剔除枝刺后，用湿麻袋包裹，并及时洒水保持湿润。也可随采随接。

3. 嫁接

（1）嫁接时间　在惊蛰前后，部分砧木叶芽萌动时为最佳嫁接时期。

（2）嫁接方法　主要采用单芽腹接法。在砧木顺直平滑的部位，距地面 5～10 厘米处用剪子剪掉砧木的上部，剪口稍倾斜。剪砧木的切口时，在斜剪口稍高的一侧以下 0.5 厘米左右处下剪，将剪刀斜立向下剪切，与砧木成 30°～45°角，剪口深度一般在砧木直径 1/3～2/3 之间，剪口长约 4 厘米。选用与砧木等粗或稍细的接穗，在接穗枝条下端，芽的两侧往下 1 厘米处下剪，剪成长 2 厘米左右的楔形斜面，正面（有芽面）较厚，背面较窄，再在芽上 1 厘米处剪下，成为一个接穗。用左手轻掰开砧木切口，将接穗迅速插入，对齐形成层，露白 3～5 毫米。接穗较细时要保证一侧形成层对齐。用长 30 厘米，宽 1.5～2 厘米的塑料薄膜包扎，从下往上包扎，切口处可多缠绕几圈，接穗顶端的切口也要包严，接芽处只包一层，且要稍微用力拉一下，以使接芽包扎紧密，芽萌动后可自行破膜而出（图 1-6）。包扎时要小心，防止接穗移动导致形成层错位而影响嫁接成活率。

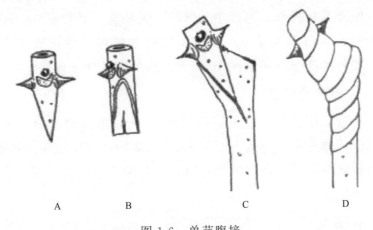

图 1-6 单芽腹接

A—接芽正面；B—接芽侧面；C—插入接穗；D—包扎

4. 嫁接后的管理

嫁接后 10～15 天接芽即可萌发。接芽成活后即可加强肥水管理，促进苗木生长，当年秋季即可出圃定植。

四、苗木出圃

花椒苗出圃是育苗工作中的最后一个环节，出圃工作做得好坏与苗木的质量和栽植成活率有直接关系，出圃前应做好各项准备工作。

1. 起苗

起苗的适宜时期，是秋季苗木停止生长并开始落叶时。秋季出圃的苗木可进行秋栽或假植，春季起苗可减少假植的工序。起苗前若土壤过于干燥，应充分灌水，待土壤稍干时再起苗，以免损伤过多的须根。雨季带叶栽植的花椒苗，必须是就近栽植，随起苗随栽，最好带土起苗。

2. 分级

起苗后应立即在背风的地方进行分级，分级后按 50 株或 100 株打捆。分级标准是：

一级苗，地径 0.8 厘米以上，苗高 70 厘米以上，根系长 20 厘米以上；

二级苗，地径 0.5～0.8 厘米，苗高 40～70 厘米，根系长 20 厘米。

3. 假植

为防止根系干枯或遭受其他损害，当苗木分级后如果不能立即栽植，则需要进行假植，即将苗木用湿润土壤进行临时性的埋植。秋季起苗等到翌年春季栽植时，则需进行越冬假植，直至第二年春季土壤解冻后栽植。假植应选择排水良好、土壤湿润、背风的地方，挖一条与主风方向相垂直的沟。沟的规格因苗木大小而定，一般深、宽各 40～50 厘米，迎风面的沟壁作 45°的倾斜，将苗木放斜壁上排列，然后培上湿润土壤，一般应培土达苗高的 1/3 以上，寒冷多风地区，要求将苗木全部埋入土内（图 1-7）。

4. 包装运输

花椒属浅根系树种，根系脆弱，如受风吹日晒，很容易失

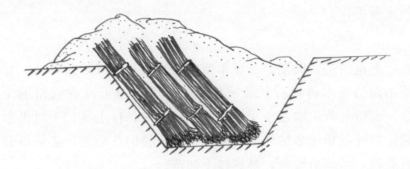

图 1-7 寒冷多风地区苗木假植

去水分，影响成活率。运输时根系要蘸泥浆，在水中放入黄土，搅成糊状泥浆，将成捆苗木放入泥浆内蘸根，以根系全部蘸到为宜，也可采用抗旱保水剂蘸根。在苗木运输时，为防止苗根干燥和碰伤苗木，要对苗木进行包装，常用的包装物主要有塑料薄膜、尼龙编织袋、草袋等，春季运苗要做好防冻、保湿工作。

第二章

花椒建园

　　建园是进行花椒生产的第一步，建园除考虑市场、当地经济条件等因素外，主要是考虑生态条件是否适宜，在建园时要选择好品种、栽植密度等，考虑树形、行向，利用优质苗木建园。建园选址的恰当与否对减少晚霜危害、减少病虫害、高产优质等都有很大的关系，现在许多花椒园都建立在丘陵山区，地势、土壤条件等并不太好，要在建园前后持续进行土壤改良、园地条件改善等各项工作。

第一节　花椒适宜的生态条件

　　野生花椒在许多地方均有分布，在秦岭和泰山两山山脉主要在海拔 1000 米以下地区，从野生分布地的生态条件可以看出花椒的生态适应性，对人工栽培花椒有很好的借鉴作用。温度、光照、水分和土壤等是影响花椒分布和生长发育的重要生态因子，在园地选择和日常管理过程中都要注意生态条件对花椒树体的影响。

一、温度

花椒是喜温不耐寒的树种。在年均气温为 8~16℃ 的地区都有栽培，但以年均温 10~15℃ 的地区栽培较多。在年平均气温低于 10℃ 的地区，虽然也有栽培但常有冻害发生。花椒能耐 −21℃ 的低温。春季气温对花椒当年产量影响最大，温度高有利于增产。生长发育期间需要较高温度，但不可过高，否则会抑制花椒生长和影响品质。当春季气温回升变暖，日平均气温稳定在 6℃ 以上时，芽开始萌动，10℃ 左右萌芽抽梢。花期适宜的平均气温为 15~18℃，果实发育适宜的平均气温为 20~25℃。在北方地区春季常发生"倒春寒"，造成花器官受冻，当年减产。因此在春季寒冷多风地区建园时，营造防护林是防止花椒受冻的主要措施之一。

在同一地区不同的海拔、坡向的气温差别很大，当晚霜来临时冻害程度有所不同（表 2-1），2018 年春季的"倒春寒"使许多地方的花椒遭受了冻害，但笔者在山西省平顺县发现同一条沟内的不同地段，花椒树冻害程度差别很大，有的几乎绝收，有的硕果累累。

表 2-1　在不同海拔高度生长的花椒受冻害影响的情况

（路世竑和闫书耀，2017）

调查点	海拔高度/米	调查株数	冻害株率/%	整株死亡率/%	主枝死亡率/%	小枝死亡率/%
1	468~490	150	3.6	0.0	1.4	2.1
2	480~650	150	11.8	2.7	6.1	2.7
3	880~1100	650	28.8	6.1	8.5	14.5
4	1170~1190	1000	29.5	7.3	8.9	13.7
5	1250~1300	100	100.0	69.5	34.0	100.0

二、光照

花椒喜光性强，为强阳性树种，光照条件直接影响树体的生长和果实的产量与品质，在荫蔽条件下生长结实较差。光照充足时树体生长发育健壮，果实产量高，着色良好，品质提高，花椒正常生长一般要求年日照时数不少于 1800 小时，生长期日照时数不少于 1200 小时。若在遮阴条件下生长则会枝条细弱，分枝少，不开张，果穗和籽粒小，产量低，色泽暗淡，品质下降。所以在生产中要做好合理密植及枝条修剪工作，以改善光照，有利于产品产量和品质的提高。花椒开花期要求光照条件良好，如遇阴雨、低温天气则易引起大量落花落果。在光照充足的阳坡，结果繁茂，在日照很短的峡谷坡上仍能生长，但结果较少。在一株树上，树冠外围光照条件好，内膛光照条件差，外围枝花芽饱满，坐果率高，而内膛枝花芽瘦小，坐果少。若长期内膛光照不足，就会引起内膛小枝枯死，结果部位外移。

三、水分

花椒抗旱性较强，适宜栽培在年降水量 400～700 毫米范围的平原地区或丘陵山地。但是由于花椒根系分布浅，难以忍耐严重干旱，严重干旱花椒叶会萎蔫。虽然花椒对水分需求不大，但是要求水分相对集中在生育期内，特别是生长的前期和中期，此时降水集中程度会对花椒产量、品质造成影响。花椒在营养生长转为生殖生长阶段，对水分要求十分敏感，需水量较多，在一定范围内，降水增多和产量增加呈正相关，但水分过多，易发生病虫害，且因湿度过大造成热量减少，不利于花椒生长与果实的膨大成熟。花椒属浅根性树种，根系不耐水湿，土壤含水量过高和排水不良，会严重影响花椒的生长与结果，短期积水植株就会死亡，因而花椒不宜栽植在低洼易涝的地方，灌水时应避免树冠下长时间积水。山顶风口处树体蒸发量大，春季极易受冻害抽条枯梢。

四、土壤

花椒对土壤适应性强，在中性土或酸性土上生长良好，花椒在土壤 pH 值为 6.5～8.0 的范围内都能栽植，但以 pH 值在 7.0～7.5 的范围内生长结果为最好。花椒根系喜肥好气，因此沙壤土和中壤土最适宜花椒的生长发育，沙性大的土壤和极黏重的土壤则不利于花椒的生长，土壤肥沃可满足花椒健壮生长和连年丰产的要求。当然花椒对土壤的适应性很强，除极黏重的土壤、粗沙地、沼泽地和盐碱地外，一般的沙土、轻壤土、轻黏壤土均可栽培。

花椒属浅根性树种，根系主要分布在距地面 60 厘米的土层内，种植花椒的土壤一般翻耕深度为 15～20 厘米，一般土壤厚度 80 厘米左右即可基本满足花椒的生长结果需要。土层深厚则根系强大，地上部生长健壮，椒果产量高，品质好；相反，土层浅薄，根系分布浅，特别是干旱山地会使根系缺水与养分，致使树体矮小、早衰，导致减产、产品品质降低，影响地上部的生长结果，往往形成"小老树"。

另外地形中坡向、坡度、海拔高度等外部环境条件对花椒的长势、产量有影响。坡向影响光照长短，在山下地势开阔、背风向阳的地方花椒生长较好，山坡到山顶较差，一般以阳坡、半阳坡为好。坡度影响土壤肥力，地势陡，径流量大，流速快，冲刷力大，造成土壤肥力降低，坡度越大，花椒的生长发育也就越差，所以一般坡度要在 25° 以下，坡度大的地方要修建梯田或台地。海拔高度过高时极易遭受冻害，所以一般不超过 1000 米为宜，即使在一般年份没有什么影响，有些年份出现极端低温时，会引起大量死树，造成不可挽回的损失。

第二节 花椒园地的选择

一、园地选择

花椒园地应选在山坡下部的阳坡或半阳坡（图 2-1），花椒适应性强，尽量选坡势较缓、坡面大、背风向阳的开阔地，可充分利用荒山、荒地、路旁、地边、房前屋后等空闲土地栽植花椒。山顶、地势低洼、风口、土层薄、岩石裸露处或重黏土上不宜栽植。

图 2-1 坡地花椒园

花椒属于浅根性树种，对土壤的要求不高，耐寒耐旱，在养分缺乏、弱酸弱碱的情况下也可生长。同时对土壤温度的耐受性也较好，－20℃也能生存，一般适宜的平均温度为6～10℃。花椒喜阳，抗旱能力较强，对水分的要求不太严格，过多的水分会影响花椒的正常生长，所以在选地的时候要尽量避免低洼雨水容易积聚的地块。一般选择土地肥沃、疏松、排灌水条件良好、pH值为7～8的壤土或沙壤土作园地，忌黏土地和低洼地，短期积水可致苗木死亡。

二、栽植模式

一般常见的花椒园栽植模式有以下几种。

1. 纯花椒园

近年来花椒价格日渐高涨，纯花椒园成为主要的栽植模式，营造纯花椒园，可选择在平川、山地等栽植（图2-2），在山地栽植时按照梯田的宽窄确定株行距，复杂的山地可围山转着栽，以阳坡和半阳坡栽植效果好。

图2-2　山地等高栽植花椒园

2. 地埂栽植

在花椒可以生长的地区，充分利用山区、丘陵的坡台田和梯田地埂栽植花椒，以种粮为主，花椒为辅，可以获得一定的经济收入，一般株距在 3 米左右（图 2-3）。

图 2-3　地梗栽植花椒园

3. 椒林混交

花椒可以和其他生长缓慢的树木混合栽植，如核桃、板栗等，可在株间夹栽一二株花椒，也可隔行混栽。但这种栽培模式不便于管理，已经很少应用。

4. 篱笆

利用花椒有刺的特性，用花椒营造篱笆，作为其他果树或园地的隔离措施，栽植的密度要比其他模式的密度大，行距30～40厘米，株距20厘米，可三角形配置，栽成 2 行或 3 行。这种栽植模式的花椒枝条密度大，产量较低，也不便于管理和采摘。

三、栽前整地

栽植前要细致整地，不同的栽植地用不同方法整地，整地的时间最好在前一年或提前一个季节进行。

平地可采用块状整地、带状整地和全面整地。全面整地和块状整地栽植穴一般要求 50～60 厘米见方。带状整地带宽一般为 1～2.5 米，开宽、深 50～60 厘米的坑。

山地为了防止水土流失可采用与等高线保持平行进行带状整地，带宽一般为 1～2.5 米。每隔 5 米修一条截水堰，以防冲刷。

施好基肥非常重要，一般每个栽植穴需腐熟的基肥 25 千克左右。施基肥一般以土杂肥等为主，同时每穴还要施磷肥或复合肥 0.5 千克左右，且要与土杂肥以及穴内土壤充分混合均匀。

第三节　花椒栽植

花椒的生产是从建园开始的，建园的关键是栽植，一旦建园，就要保持很多年，因此在栽植时要下到功夫，为树体生长营造良好的环境。栽植前在做好园地选择和规划的基础上，要选择好品种，选用优质苗木，采用合适的栽植方式，保证成活率，为以后的丰产稳产奠定基础。

一、品种选择

花椒属自花结实树种，一般不配置授粉品种。考虑到一方面花椒采收比较费工，另一方面通过不同品种的搭配可增强花椒的抗性，在建立大面积椒园时，品种选择主要考虑其适应性，而品种配置则考虑其成熟期，要注意不同品种的搭配，注意早、中、晚品种的搭配，以增加树体的抗性和延长整个椒园的采收期，若品种单一，不但病虫害严重，成熟期也过于集中，难以适时采收。在生产中多数产区以大红袍为主。

二、苗木要求

栽植前苗木准备是第一道重要工序。苗木的质量直接关系着花椒的生长和经济效益，苗木健壮是保证成活和提早结果的基础。花椒栽植多采用1~2年生苗，要求品种优良、根系完整、茎干粗壮、无病虫害、不混有其他杂苗、根系无劈裂、有5条以上的侧根、主侧根完整、须根较多、木质化程度高、芽体饱满、基干和根系不带病虫、经检验合格的一级苗或二级苗。另外在栽植前还要注意保护和处理好椒苗，以保证成活率，要防止机械损伤和风吹日晒。

三、栽植时期

1. 春季栽植

春季栽植在早春土壤解冻后至苗木萌芽前为止，宜早不宜迟。栽植时最好随挖随栽，远距离运苗栽植，要做好苗木包装，苗木运回后立即栽植，不栽的要做好假植。春季干旱或土壤墒情差时，栽植后一定要浇水，条件许可的栽植后可进行覆膜。

2. 秋季栽植

秋季栽植时间在苗木落叶至土壤封冻前，栽后按确定的定干高度短截，做好埋土防寒越冬工作。第二年树木发芽时除去防寒土丘，成活率可达90%以上。秋栽的好处是根系与土壤能够密接，伤口愈合快。

3. 雨季栽植

栽植时间一般在 8 月至 10 月中旬，逢三天或三天以上阴雨天气，带土挖苗，随挖随栽，栽后两天里遮阴，成活率可达 95% 以上。雨季栽植要事先整好地，及时收听天气预报，抓住有利时期进行栽植。雨季栽植应注意以下几点：一是要有三天以上连阴雨天气；二是就近挖苗，就近栽植，随挖随栽；三是栽植后摘心，不宜截干。

四、栽植密度

花椒栽植密度依栽培方式、立地条件、栽培品种和管理水平不同而异。

在干旱地区立地条件差，土层较薄，为了一次成林，栽植密度可用株行距 3 米×4 米、2 米×4 米、2 米×3 米，每亩株数分别为 55 株、83 株和 111 株。

立地条件好，土层深厚或进行间作套种，栽植密度可用株行距 4 米×5 米或 3 米×4 米，每亩株数分别为 33 和 55 株。

山地较窄的梯田，则应灵活掌握，一般是一个梯面栽 1 行，梯面宽度大于 4 米时，可栽 2 行，株距为 2～3 米，行距视地宽窄而定。

高密度建园时行距 2 米，株距 1.5 米，每亩 222 株。

在栽植密度的选择上，还要考虑机械化操作的影响，地势平坦容易进行机械化施肥、打药的地块，行距一般不小于 4 米，山坡地难以进行机械化操作，行距可以在 3～4 米。

五、栽植方法

花椒栽植时，首先将混有农家肥的深层土壤填入坑底并踩实，然后将苗木放入坑中，覆土在根部，随填土随轻轻提抖苗木，以使根系与土壤紧密结合，栽植深度以苗木根颈略高于地面 3～5 厘米为宜，栽后浇定根水，待水渗透后封土，在苗木基部周围堆土或覆盖地膜，防止蒸发（图 2-4）。栽完后用余土在穴边修筑土埂，便于灌溉和收集雨水。

图 2-4　栽植

六、栽植后的管理

1. 定干

定干是花椒整形修剪的开始，栽后应及时定干，既利于整形，也利于花椒成活。剪留高度以 50～60 厘米为宜，剪口略倾斜，剪口下留饱满芽。

2. 防寒保护

当年栽植的幼树，因萌芽迟、生长慢，枝条内积累的营养物质少，越冬性差，冬季易发生枝条失水干枯。因此北方冬季寒冷地区对 1～2 年生幼树，或弯倒埋土（图 2-5A），无法弯倒的可在茎干基部培土，上部用草把捆绑裹缠，外面再用塑料布包扎（图 2-5B），待来年春季萌芽前逐步分次解除包缠物，扒平培土，能有效地防止冻害和抽条。培土的厚度要超过当地冻土层厚度，一般在 20 厘米左右。

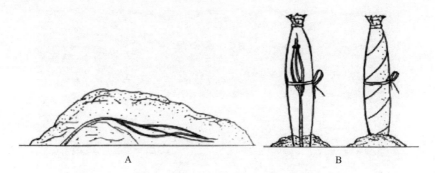

图 2-5　越冬防寒

A—弯倒防寒；B—直立防寒

3. 合理间作

一般花椒定植后 2～3 年即可结果，在幼树期间树冠小，行间、株间距离大，土地光热条件好，可合理间作套种，既能提高经济效益，又能改善土壤的肥力，但要注意不要因为间作影响花椒的生长，推迟结果时间，甚至引起抽条死亡。常用的间作物有豆类、花生、油菜、红薯、土豆等低矮的一年生作物，严禁间作小麦、高粱、玉米等高秆作物，有的也可以间作绿肥，用以培肥地力。

第三章

花椒整形修剪技术

合理整形修剪是花椒高产优质的必要措施之一。整形是根据花椒树的生物学特性，结合一定的自然条件、栽培制度和管理技术，将其改造成在一定空间范围内有较大的有效光合面积，能担负较高产量、便于管理的合理树体结构。修剪是根据花椒生长结果的需要，用以改善光照条件、调节营养分配、转化枝类组成、促进或抑制生长发育的手段。整形和修剪是相辅相成的，用整形来指导修剪，通过修剪来整形，二者缺一不可。

整形修剪的目的：一是使树体结构合理，充分利用空间、光照及营养条件，更有效地进行光合作用，促进幼树提早结果，达到丰产、稳产、树体长寿；二是调节养分和水分的转移分配，促进光合作用和呼吸作用的有效平衡，引导营养生长与生殖生长向理想状态发展；三是调节营养枝、结果枝的合理比例；四是防止结果部位外移，促进立体结果；五是促进幼树提早结果，大树丰产稳产；六是提高花椒品质，延长结果年限；七是减少病虫危害，推迟花椒树衰老。因此整形修剪是花椒经营管理中不可缺少的重要措施。

不整形修剪的花椒树，任其自然生长后往往树冠郁闭、枝条紊乱、树冠内通风透光不良，导致病虫害滋生、树势逐渐衰弱、产量减低、品质下降。合理修剪的树则可以充分利用阳光，调节营养物质的制造、积累及分配，调节生长及结果的平衡关系，使树冠牢固，达到高产、优质、低耗的栽培目的。在同等条件下，花椒树整形修剪合理就比任其自然生长要好，产量高、品质好、便于采摘和管理。

整形和修剪必须与土壤、肥料、日照、气温等条件相适应与配合，才能发挥出积极的作用。如果片面强调修剪作用，而忽视其他条件和管理措施，不但达不到丰产的结果，而且会造成幼树延迟结实、大树低产以及缩短寿命等不良后果。

花椒如何进行修剪，很多椒农经常感觉无从下手。多年的修剪经验告诉我们，在修剪前要考虑好以下三个方面。

第一，要了解花椒的生物学特性。

了解生物学特性是进行整形修剪的基础。花椒与其他果树一样，都有其特殊的生物学特性，如萌芽率、成枝力、干性、成花特性、开花结果特性等，基础不同，修剪反应就有很大的差异，修剪方法也就不同，不同的果树都有其特殊的一些修剪方法，不能用修剪苹果的办法来修剪花椒，也不能用修剪花椒的办法去修剪苹果。

与修剪相关的花椒的基本生物学特性，我们可以归纳一下：一是干性弱，喜光，决定了花椒不容易培养中心干，生产中以培养无中心干的开心形为主，在栽培过程中要保证树体通风透光良好，树冠内枝条不能密挤；二是花椒成花容易，连续结果能力强，到达盛果期的花椒树萌芽率高，成枝力低，特别容易成花，需要注意；三是不同的地势、土壤条件、肥水管理、品种等都对花椒的生长结果特性有影响，在修剪时要注意考虑。还有一些其他的生长特性需要在生产中持续观察，不断总结，对花椒树了解得越多，修剪起来就越得心应手。

第二，要掌握最基本的修剪方法和修剪反应。

对于整形修剪来说，常用的修剪方法包括短截、疏枝、回缩、拉枝等。有经验的修剪者，能够综合运用这些修剪方法完成修剪过程，在修剪过程中综合考虑这些修剪方法带来的修剪反应，以实现修剪目的。树形的培养不是一次修剪就能完成的，要通过多次修剪、多年修剪，在一年之中要按照不同的季节采取不同的修剪方法，在不同的生育阶段也要采取不同的修剪方法。

第三，要有一个目标树形，树形培养要严格。

在修剪之前要确定目标树形，每一个园地选择一个树形作为目标树形，90％以上的树都要按这个树形来进行整形修剪和管理，目标树形一旦确定就不能随意更改，以后的修剪都要围绕这个目标树形来进行。

"因树修剪，随枝做形"是果树整形修剪的指导思想。"因树修剪"是指在修剪时针对每棵树进行具体分析，可以在树形允许的范围内适度调整。"随枝做形"则是指要把树整成一定的形状。

当然，修剪是个复杂的工作，受诸多因素的影响。在修剪时也要考虑气候条件的影响、土壤条件的影响、病虫害的影响等等。

第一节　花椒的生长结果特性

花椒的生长结果特性是对花椒进行管理所需的重要基础知识，所有的栽培管理技术措施都要在了解掌握花椒的生长结果特性的基础上进行。

一、花椒的生物学特性

1. 花椒的芽及其生长发育特性

芽是花椒发枝、生叶形成营养器官和开花、结实形成生殖器官的基础。在一个发育完全的一年生枝条上的芽，根据其形态、构造和发育特性可分为混合花芽、叶芽和潜伏芽，根据芽着生的位置分为顶芽和侧芽（图 3-1）。

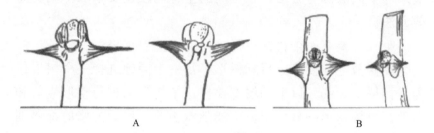

A   B

图 3-1 花椒的芽

A—顶芽；B—侧芽

（1）混合花芽 花椒树花芽属混合花芽，花芽春季萌发后，先抽生一段新梢，在新梢顶端着生花序，并开花结果。发育正常的盛果期花椒树，不论是顶芽、伪顶芽或枝条上部的侧芽，只要发育饱满、体积大，一般都能够形成花芽。着生在结果母枝顶端和其以下 1～4 个叶腋内的花芽数量较多。着生在枝条顶端的花芽叫顶花芽，形成的果序较大，着生在叶腋的花芽叫腋花芽，果序次之；着生在老枝条上的果台副梢上的花芽，果序较小。花椒连续结实能力极强，在栽培上要充分利用这一特性，达到连年丰产的目的。长势优良的花椒花序多、开花整齐、密集、花梗粗壮，结果能力强。

（2）叶芽 花椒叶芽小而光，萌发后抽生营养枝。叶芽的着生部位多在发育枝、徒长枝、萌蘖枝上，徒长性结果母枝的顶芽一般也为叶芽。叶芽的形态因着生部位不同而不同，顶芽较长，其余部位的叶芽与混合花芽在外观上差别不大。

（3）潜伏芽 又称隐芽、休眠芽。从发育性质上看，潜伏芽也属于叶芽的一种，只是在正常情况下不萌发。潜伏芽着生在枝条基部或下部，芽体很小。着生在基部的潜伏芽排列无序，似轮生，一般结果母枝上有 3～5 个，营养枝和徒长枝上有 10 个以上。潜伏芽寿命很长，其生活力可维持数 10 年之久。花椒潜伏芽寿命长，在多年生的枝干上，潜伏芽常被压挤在枝皮内，当修剪或受到刺激或进入衰老期后，常萌发出比较强壮的徒长枝，可将徒长枝培养成结果母枝，弥补树冠空当。

2. 花椒的枝干及其生长发育特性

枝是构成树冠的主体和着生其他器官的基础，也是水分和营养物质的输导渠道和贮藏营养物质的主要场所。花椒枝干的组成包括主干、主枝、侧枝、新梢、结果母枝、结果枝、发育枝和徒长枝等。枝是修剪的主要对象，在整形修剪时考虑最多的就是枝。

（1）依据枝条在树冠内的部位分类 可分为主干、中央领导干、主枝、侧枝等。

主干：从地面到第一主枝间的树干通常叫主干。

中央领导干：从第一主枝往上的树干位于树的中央，直立向上，生长势最强，这段树干通常叫中央领导干（或称中心干）。花椒树的干性不强，在整形修剪过程中，一般为开心树形，不存在中央领导干。水平扇形整枝时要保留一个中央领导干。

主枝：主干以上的永久性大枝称为主枝，是构成树冠的骨架。主枝的不同排布方式就构成了不同的树形。整形时主要考虑主枝的选留和培养。

侧枝：着生于主枝上的永久性大枝称为侧枝。侧枝也是构成树形的结构性枝条，三主枝开心形有侧枝，四主枝开心形没有侧枝。

骨干枝：人们通常把中心干、主枝和侧枝统称"骨干枝"，骨干枝是构成树的骨架，就像人的骨骼一样。骨干枝必须紧凑、健壮，否则影响花椒树的结椒年限，也影响培养结果枝组。

（2）依据枝条的生长年限分类　可分为新梢、一年生枝、二年生枝和多年生枝等。

新梢：由叶芽萌发出的带叶枝条叫新梢。一年中生长的新梢大体分为 2 种，从发芽到 6 月份生长的这段枝梢称之为春梢，由春梢顶端在秋季继续萌发生长的一段枝梢叫秋梢。

一年生枝：新梢在落叶后到第二年萌芽前叫一年生枝。

二年生枝：着生新梢或一年生枝的枝条叫二年生枝。除萌蘖外，新梢和一年生枝都长在二年生枝上。

多年生枝：生长 3 年以上的枝条称为多年生枝。

（3）依据枝条的特性分类　可分为营养枝、结果枝、结果母枝、徒长枝和竞争枝等。

营养枝：或者叫发育枝。只发枝叶而不开花结果的枝条为营养枝，是由前一年枝条上的叶芽萌发而成的。营养枝是扩大树冠和形成结果母枝的基础。营养枝有长、中、短枝之分，长者 30～50 厘米，短者 5～6 厘米。结果初期营养枝主要在树冠外围，以长、中枝为主，进入盛果期后营养枝的数量很少，一般不足总枝量的 5%，结果盛期的植株生长健壮的营养枝多能形成混合花芽，转变成结果母枝，第二年便可抽枝结果。

结果枝：着生果穗的枝叫结果枝（图 3-2）。结果枝根据长度可分为长果枝、中果枝和短果枝。长度在 5 厘米以上的为长果枝，2～5 厘米的为中果枝，2 厘米以下的为短果枝。各类结果枝的结果能力在一定范围内与其长度和粗度成正相关，粗壮的长、中果枝坐果率高、果穗大，细弱的短果枝坐果率低、果穗也小。各类结果枝的数量与比例，常因品种、树龄、立地条件和栽培技术的差异而不同，在通常情况下，结果初期的树，短果枝数量少，而长、中果枝比例大；盛果期和衰老期的树结果枝数量多而短。生长在立地条件较好的地方，果枝粗壮；反之，结果枝短而细弱。

图 3-2　花椒的结果枝

结果母枝：花椒进入盛果期后，大多数枝条成为结果母枝，而且结果母枝连续结果能力很强。结果枝开花结果后，一般顶芽及以下 1～2 芽仍可形成混合花芽，成为第二年的结果母枝，第二年再抽生结果枝开花结果。如此连年分生，往往形成聚生的结果枝组（图 3-3），结果母枝抽生结果枝的能力、着花的数量、结果量与母枝的长短成正相关。

图 3-3　花椒结果枝组

徒长枝：实质上也是一种营养枝，是由多年生枝的潜伏芽萌发而成的。徒长枝长势旺盛，一般都比较粗长，且直立生长，其长度在 0.5～1.2 米，有的可达 2 米，但组织不充实。徒长枝多是由于枝、干遭到破坏或受到刺激后从骨干枝上萌发的，所以一般多着生在树冠内膛。徒长枝往往使树形紊乱，消耗很多养分，影响树体的生长和结果。盛果期以前的徒长枝应及早疏除，盛果末期树上的徒长枝在有空间的地方可选择生长中庸的改造成结果枝组，一般第二年即能开花结果。进入衰老期的大树，徒长枝可以有选择地作为更新用的接班枝，培养成骨干枝或结果枝组，使其重新构成树冠。

竞争枝：在同一母枝上，和相近的其他永久性枝条平行生长，生长势均等，竞争养分、水分的枝条叫竞争枝。

（4）枝条的生长发育特性　一般当春季气温稳定在 10℃左右时新梢开始生长。枝条的生长通常可分为 4 个阶段。

第一次速生期：从 4 月份花椒萌芽展叶伸出新梢到 6 月上

旬为第一次速生期，历时两个月左右。枝条速生期的前期，以利用树体积累的营养为主，当新生的叶片健全后，才得以转变到利用当年生营养体所制造的养料，进入速生发育阶段，此阶段枝条生长量常占年生长量的 $1/3 \sim 1/2$。

缓慢生长期：从 6 月中旬到 7 月上旬的高温季节，新生枝的生长速度缓慢，甚至停止生长。转入缓慢生长期，果实终止了膨大过程，进入成熟初期，即开始了营养物质的积累与转化，种子得到进一步充实而变硬、变黑，果皮也开始老化上色，这一阶段要经历 20～25 天。

第二次速生期：7 月中旬到 8 月上旬新生枝条进入第二个生长高峰，同时果实进一步老化，直至果皮全部由绿色转变为红色或紫红色。这一阶段持续 30 天左右，到立秋后果实采收终止。

新梢硬化期：从 8 月中旬到 10 月上旬，当年生新枝条开始停止生长，积累营养，是向木质化转变的生育阶段。如不进行有效管理，新梢徒长，不能充分木质化，越冬时常因耐寒性差而干枯死亡（抽条）。所以在果实采收后应进行适时修剪，抑制徒长枝，促进新生枝老化，形成饱满的花芽，为翌年丰产奠定基础。

3. 花椒的叶及其生长发育特性

叶是植物的主要营养器官，它的主要功能是通过光合作用制造养分、蒸腾水分和进行呼吸作用。花椒为奇数羽状复叶，也有偶数羽状复叶的，但占的比例不大，约为 1/15；奇数羽状复叶小叶多为 3～11 片，偶数羽状复叶小叶多为 4～12 片。花椒的叶长椭圆形，先端尖。每一复叶着生小叶的数量因品种、树龄、枝条类型的不同而异，一般幼龄期每一复叶多着生7～11 片小叶，结实期多着生 5～9 片小叶，衰老期多着生 5～

7片小叶（图3-4）。花椒的叶幕在春季建造速度快，特别是盛果期树，由于绝大多数枝条为结果母枝，枝条生长期短，叶幕形成所需时间也短，生长高峰也早。由于早春幼叶制造的养分往往不能满足本身的消耗，其营养来源主要是前一年树体贮藏的养分。因此在生产中要切实加强中、后期叶片的保护，防止过早落叶，影响养分的积累。在修剪时要注意叶幕的分布，大枝重叠叶幕太厚，全株叶面积总量虽多，但叶幕中无效叶区的比例大，冠内光照不良，叶片光合功能很弱，产量和质量都不会高；相反叶幕太薄，总叶面积小，光合产物少，也直接影响产量的提高。

图 3-4　花椒的叶片

4. 花椒的开花结果特性

（1）花芽分化特性　花椒花芽分化是开花结果的基础，花芽分化的数量和质量直接影响着第二年花椒的产量。花芽分化开始于新梢生长的第一次高峰之后，大致在6月上旬，花序分化在6月中旬至7月上旬，花蕾分化在6月下旬至7月中旬，花萼分化在 6 月下旬至 8 月上旬，此后花芽的分化处于停顿状态，并以此状态越冬，到翌年 3 月下旬至 4 月上旬进行雌蕊分化，同时花芽开始萌动。

花芽分化受很多内在因素和外界条件的影响。根据现代花芽分化理论，营养物质的积累和激素平衡都是花芽分化的重要条件。叶片是进行光合作用、制造有机养分的主要器官，也是某些激素产生的重要场所。开花结果则需要消耗很多养分，同时也产生影响花芽分化的某些激素，因而叶与果的比例对花芽分化有明显的影响。据观察当复叶与果穗的比例为（3～3.5）：1 时，不仅当年产量高、果穗大、品质好，也能使全树形成足量的花芽，保证第二年丰产。复叶与果穗的比例为 2:1 左右时，由于营养的亏缺和幼果发育对花芽分化的抑制作用，影响了第二年花芽的分化。树势过旺，营养物质主要用于营造营养器官，营养物质积累水平低，也影响花芽分化。就一个芽而言，营养生长比较旺盛的初果期树比盛果期树开始花芽分化迟。在同一株树上，通常短梢比中梢分化早，中梢比长梢分化早。在同一个新梢上，顶芽的叶原基数多，开始分化晚，但进程快，花芽比较饱满；腋花芽分化的时间略早，但花芽质量较差。

（2）花序和花　花椒花序由花序梗、花序轴、花梗和花蕾组成。花序的中轴为一级花序轴，其上有二级花轴、三级花轴，有的还有四级花轴。在花序梗的基部常有一较小的副花序。花序上着生花的数量因品种和树势不同而异。发育良好的花序，一般花序长 3～5 厘米，有花蕾 50～150 个，最大的花序长达 7 厘米，着花 200 个以上。

花椒花芽萌动后，先抽生结果枝，当结果新梢第一复叶展开后，花序逐渐显露，并随新梢的伸长而伸展，花椒的现蕾期开始于 4 月上旬,终止于 4 月中旬。蕾期持续 8～14 天后,即进入花期。花椒一般在 4 月中旬花序上的小花开始开放,4 月末进入盛花期。初开花至开花盛期 3～4 天,至小花全部开放约 10 天。花期的长短常受气候条件的影响。在气温高、光照强、干旱的情况下,花期短;气温低的阴雨天气,花期延长。

花序顶生,花序轴及花梗密被短柔毛或无毛;花被片 6～8 片,黄绿色,形状及大小大致相同;雄花的雄蕊 5 枚或多至 8 枚,退化雌蕊顶端叉状浅裂;雌花很少有发育雄蕊,有心皮 3 或 2 个,间有 4 个,花柱斜向背弯(图 3-5)。

图 3-5　花椒的花
A—雌花;B—雄花

(3)果实及生长发育特性　椒果为蓇葖果,无柄、圆形、横径 3.5～6.5 毫米,1～4 粒轮生于基部,果面密布腺点,中间有一条不太明显的缝合线,成熟的果实晒干后沿缝合线裂开。外果皮红色或紫红色,内果皮淡黄色或黄色。有种子 1～2 粒,种皮黑色,有较厚的蜡质层(图 3-6)。果实从雌花柱头枯萎开始发育,到果实完全成熟为止是果实发育期。由于各地气候条件和栽培品种不同,果实发育期长短也不一样,一般温暖的南方比较长，寒冷的北方比较短。在华北地区早熟品种 80～90 天，晚熟品种 90～120 天。果实前期生长很快，后期生长很慢。

图 3-6　花椒的果实

有的品种有二次开花特性。二次花多着生在二次枝的顶端，二次花在 6 月下旬至 7 月上旬开花，花期很不整齐。

影响花椒落果的因素很多，营养条件和环境条件是重要原因。不良的环境条件，如长期干旱、光照不足、枝条过密、病虫滋生、土壤贫瘠和雨水过多等，常造成大量落果。一部分幼果在生长发育中，由于生理失调，中途停止发育，但直至成熟期也不脱落。这种果实没有种仁，常依附在正常果实的旁边，晒干后也不开裂，椒农称之为"子母椒"。

果实在成熟时开裂，种子可从果皮中脱落。如果生长发育不够好，有一部分果实成熟时只是半开裂或不开裂，半开裂的种子很难脱出，附在果皮之中，果皮不开裂的称之为"闭眼椒"。通常所说的花椒实际上是花椒皮，也是人们食用的部分。大红袍花椒果实外表皮有密生的大突起，通常把此种突起叫椒泡，大红袍花椒的椒泡较较其他品种大而明显，而且一般还带有 2 个非常明显的微粒，俗称"椒耳朵"，花椒果实的内皮呈黄白色，紧贴果皮。花椒果皮的基部有伸长的子房柄。

5. 花椒的刺

花椒枝上有刺，一年生枝（新梢）刺宽扁、呈三角形、尖锐，粗壮枝上的刺略显肥厚，随着枝龄的增大，刺基部膨大，刺尖不长大或被磨损，呈疣状突起状（图 3-7）。刺是花椒的保护器官，可防止鸟兽对花椒树体的伤害，但花椒有刺不利于管理、修剪和采收。现在有培育的"无刺花椒"品种，皮刺不发达，且少，随着树龄增大，树势缓和，新梢不长皮刺，原皮刺逐渐脱落，有利于花椒管理和采收。

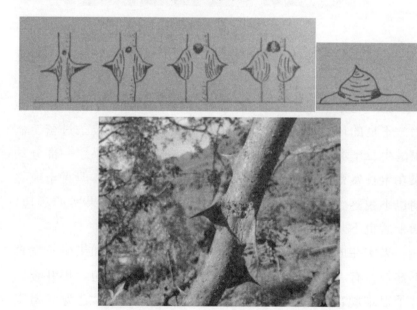

图 3-7　花椒的刺

6. 花椒的根系及其生长发育特性

花椒为浅根性树种，垂直根不发达，但水平根延伸很远。定植后，根系比树冠扩展速度快。盛果期大树的根系最大分布范围直径可达树冠直径的 5 倍左右。根系水平分布，幼龄期须根集中分布在树冠投影范围内；随着树龄的增加，根颈周围的小侧根和须根由内向外逐渐枯死，使大侧根后部呈现光秃现象。盛果期树须根集中分布区，以主干距树冠外缘 0.5～1.5 倍的范围内为最密集。进入衰老期，二、三级侧根出现枯死现象，根系又会发生向心生长的趋势，即根颈周围又发生大量须根，但此时根系的功能已逐渐衰退，发根能力减弱。花椒根系垂直分布浅，根系入土深度常因土壤厚度和理化性质而有差异。在土壤结构、通气状况、水分含量均好的土壤中，根系的垂直分布较深；地下水位高、土壤黏重或有石砾层的条件下，明显限制了根系向纵深发展。

花椒树的根系没有自然休眠，在满足其所需要的条件时，可以全年不断生长。自然界中由于低温的限制，根系生长表现为一定的周期性。另外花椒根的生长，由于品种、年龄、产量和自然条件及栽培技术不同，在一年中生长高峰期的出现有所差异。春季当地温达 5℃ 以上时，根系开始生长；落叶后当地温下降到 5℃ 以下时，根系呈休眠状态。根系在一年中有 3 次生长高峰。第一次生长高峰从 3 月 25 日开始到 4 月 15 日，以后随着地上部新梢加速生长和花序伸长，根的生长逐渐转缓。这次高峰新根生长量小，且发出的根较细，多发生在须根的顶端，平均生长量为 2.75 厘米，多数在 5～7 周后转为淡黄色，表明已木栓化。第二次生长高峰从 5 月中旬至 6 月中旬，这次高峰是一年中根系生长最旺盛的时期，发根量大，生长速度快。发生的新根可分为两种：一种是生长根，多由输导根上萌发，生长量大、生长期也长；另一种为吸收根，数量多、分生快，一般生长2～3周转变为淡黄色，停止生长。第三次生长高峰出现在果实采收后的9月下旬至10月下旬，随着土温下降，根的生长越来越慢，并逐渐停止。

二、花椒的年生长周期

物候期是植物在不同季节气候条件下的生态反应。气候条件不同，物候期也有差异。温暖的南方，花椒发芽早，落叶迟；寒冷的北方，花椒发芽迟，落叶早。就一个地方而言，由于各年气候条件的差异，不同年份花椒的物候期也不一样。

从营养角度看，萌芽展叶期和枝条速生期的前一阶段利用了树体前一年储备的养分，相对来讲这一阶段为营养欠缺期。当营养体向其他系统输运养分时，首先是用来完成果实的膨大和新梢的继续伸展。但当这一部分营养只够满足充实果实，枝条的长势必然停滞，进入缓生期，这一阶段为营养高峰期。果实成熟后，营养的支出转向补充树体的消耗，开始用于储备及枝条的生长，新梢即进入第二个生长高峰期，这一阶段为储备生长期。当营养体提供的养料只能够用来促进枝条木质化及完成储备时，便进入新梢硬化期，这一阶段为营养的积累储备期。了解花椒树的物候期及其营养的运转过程，在不同的阶段采用相应的管理措施，才能保持树势旺盛不衰，争取连年丰产。一般在营养欠缺期和高峰期，只有适当追施速效肥，才能取得显著的丰产效果。在储备生长期及积累储备期采用适当的修剪措施，不仅能促进枝条的健壮生长，也可为翌年增产打好基础。

花椒果实的生长发育可分为以下几个时期。

坐果期：雌花授粉 6～10 天后，子房膨大，形成幼果，直至 5 月下旬，果实长到一定大小，结束生理落果（图 3-8）。此阶段持续 30 天左右，一般坐果率为 40％～50％。

图 3-8 坐果期（见彩图）

果实膨大期：5 月下旬至 6 月上旬为果实膨大期，生理落果基本停止，果实外形长到最大，此阶段持续 40～50 天。

果实速生期：从柱头枯萎脱落开始果实即进入速生期，速生期结束果实生长量即达全年总生长量的 90％以上（图 3-9）。

果实缓慢生长期：果实速生期过后，体积增长基本停止，但质量还在增长，此期主要是果皮增厚，种子充实（图 3-10）。

果实着色期：果实的外形生长停止，干物质迅速积累，到后期逐渐着色，果实由青转黄，至黄红，进而成红色，最后变成深红色。同时种子变成黑褐色，种壳变硬，种仁由半透明糊状物变成白色固定形状。此阶段历时 30～40 天（图 3-11）。

果实成熟期：外果皮呈红色或紫红色，疣状突起明显，有光泽，少数果皮开裂，果实完全成熟。一般来说在果实全部着

图 3-9　果实速生期（见彩图）

图 3-10　果实缓慢生长期（见彩图）

色后约一周即可开始采摘。若要选留花椒种子，应尽量使花椒充分成熟后采收，花椒果实的整个生长发育期为 4 个月左右（图 3-12）。

图 3-11　果实着色期（见彩图）

图 3-12　果实成熟期（见彩图）

三、花椒的生命周期

花椒的生命周期从种子发芽后开始，经历幼龄期、结果初期、盛果期和衰老期 4 个阶段。花椒生长快，易成花，幼龄期短，栽后 2～3 年即可进入结果期。

1. 幼龄期

从种子萌发或苗木定植成活到开花结果之前的时期，也叫营养生长期，一般为 2～3 年，这一时期以营养生长为主。有的栽植第二年即可开花结果，开花结果对养分消耗较多，会影响枝条的生长，对扩大树冠、增加结果部位不利，此时要注意适当将花果疏除，以便维持营养生长的主体地位，尽快扩大树冠，增加结果部位（图 3-13）。

图 3-13　花椒幼龄期

2. 结果初期

从开花结果之初到大量结果前的时期，也叫生长结果期。

此期树体生长仍很旺盛，树冠继续扩大，花芽量增加，结果量逐渐递增，一般为4～5年。这个时期是树形培养的关键时期，在修剪时仍然以整形为主，结果为辅（图3-14）。

图3-14　花椒结果初期

3. 盛果期

花椒开始大量结果到衰老以前的时期。此期突出的特点是树冠已经形成，树姿开张，树势稳定，绝大多数枝条为结果母枝，能够连年开花结果，果实的产量显著增高，单株可产鲜椒5～10千克，干果皮1～2千克。一般自栽后第8年即进入大量结果期，受环境条件、栽培技术和管理水平的影响，此期可维持15～25年。在修剪时注意维持树势平衡，维持树体结构的稳定，进行结果枝组的局部更新，以维持较长的结果年限（图3-15）。

4. 衰老期

树体开始衰老到死亡的时期，此期树势变弱，更新能力下

图 3-15　盛果期

降，树冠逐渐缩小，树枝逐年枯死直至树体死亡。修剪时应及时利用徒长枝更新大的结果枝组或主枝，直至整株淘汰。

第二节　花椒整形修剪的依据

一、自然条件和栽培技术

不同的自然条件和栽培技术，对花椒树会产生不同的影响。因此整形修剪时，应考虑当地的气候、土肥条件、栽植密度、病虫防治以及管理等情况。一般土层深厚肥沃、肥水比较充足的地方，花椒树生长旺盛，枝多冠大，对修剪反应比较敏感，修剪适量轻些，多疏剪、少短剪。反之在寒冷干旱、土壤瘠薄、肥水不足的山地、沙荒或地下水位高的地方，花椒树生长较弱，对修剪反应敏感性差，整形修剪时修剪可稍重些，多短截、少疏剪。

二、树龄

不同年龄时期的花椒树生长发育的状态不同，管理的侧重点也不一样，修剪量和修剪方法应有所不同。幼树主要是通过修剪及早构建树形，适量结果；盛果期树势渐趋缓和，通过修剪维持连年高产稳产，延长盛果期年限；衰老期树势变弱，修剪的要求是更新复壮，恢复树势。

三、树势

树势强弱主要根据外围一年生枝的生长量和健壮情况，秋梢的数量和长度，芽的饱满程度和叶痕的表现等来判断。一般幼树的一年生枝较多而且年生长量大，秋梢多而长，二三年生部位中、短枝多，颜色光亮，皮孔突出，芽大而饱满，内膛枝的叶痕突起明显，说明树体健壮。如外围一年生枝短而细，春梢短，秋梢长，芽子瘦小，壮短枝少，色暗，剪口青绿色，皮层薄，说明营养积累少，树势较弱。

树势受品种、土壤肥力、水分、栽培管理等的影响较大。不同品种的花椒树势有较大的差别，小红椒树势旺，分枝角度大，枝条开张，萌芽率和成枝力强；大红袍树势强健，分枝角度小，树姿半开张；白沙椒分枝角度大，枝条平伸，树姿开张，树势健壮；枸椒树势健壮，枝条较直立，分枝角度小，树姿半开张。肥沃的土壤树势旺，土壤瘠薄时花椒树生长较弱，因而要加强肥水管理。

四、树体结构

不同的树形有不同的树体结构，在每一次的修剪过程中都要按照原定的目标树形进行修剪，既考虑现有的树体结构，也要考虑将来的树体结构，通过修剪逐步实现目标树形的培养，切忌没有目标，变来变去。

整形修剪时，要考虑骨干枝和结果枝组的数量比例、分布位置是否合理、平衡和协调。枝组内营养枝和结果枝的比例及生长情况，都是直接影响光能利用、枝组寿命和高产稳产的因素，如配置分布不当，会出现主从不请、枝条紊乱、重叠拥挤、通风透光不良、各部分发展不平衡等现象，必然会影响正常的生长和结果，须通过修剪逐年予以调整。

五、结果母枝和花芽量

花椒修剪时要考虑留多少结果母枝和花芽量，在不同年龄时期结果母枝和营养枝应有适当比例。幼树期营养枝多而旺，结果母枝很少，则不能早结果和早期丰产（图 3-16）。成年树

图 3-16　结果母枝

结果母枝过多而营养枝过少时，消耗大于积累，不利于稳产。老年树结果母枝极多，而营养枝极少，而且很弱，说明树体已弱，需更新复壮。

花芽的数量和质量是反应树体营养状况的重要标志。营养枝粗壮，花芽多、肥大而饱满、鳞片光亮、着生角度大而突出，说明树体健壮。而枝梢细弱，花芽量过多、芽体瘦小、角度小而紧贴枝条者，说明树体衰弱，修剪时应根据当地的各种条件恰当地确定结果母枝和花芽留量，以保持树势健壮，高产稳产。

六、群体结构

一个园地的花椒树构成群体结构，多数人修剪时考虑个体结构较多，对群体结构重视不够，合理的群体结构对花椒园的管理十分重要。花椒园合理的群体结构一般要考虑以下几个方面。

一是大行距小株距。行距在 3～4 米，株距在 1～3 米，行内树冠可以构成连续叶幕，行与行之间要有一定的距离，一般在 1～2 米之间，便于行间操作。能够进行机械作业的园地行间距要大一点，以机械能够通行为准。山地不进行机械操作或只用小型机械，行距可稍小一些，但不宜小于 1 米，这 1 米的空间是通风透光的空间。

二是维持合适的叶幕厚度。花椒喜光，叶幕厚度要适当薄一点，过厚的叶幕容易导致内膛光照变差，小枝枯死，有效结果母枝减少。因此在群体结构构建时要适当利用株与株之间的空间，培养合适的结果枝组，增加叶面积指数。

三是控制树体高度。花椒树冠不宜过高，过高会导致采收和管理比较麻烦，因此建议树体高度在 1.5～1.8 米之间。

~❀❀ 第三节　花椒常用树形 ❀❀~

　　花椒的生物学特性是决定花椒树形的主要因素。喜光、干性弱、枝干上有刺等因素决定了生产中常用的花椒树形有三主枝开心形、四主枝开心形、水平扇形、丛状形等。树形是整形修剪的主要指导依据，在确定树形后要严格按照树形结构指标要求来进行整形修剪。

一、三主枝开心形

1. 树体结构特点

　　主干高 30～40 厘米，树高 1.8～2.5 米，无中心干，有主枝 3 个，开张角度 45°～50°，相邻两个主枝之间的水平夹角为 120°，每个主枝上着生 2～3 个侧枝，主、侧枝上都有结果母枝和结果枝组，侧枝和枝组以斜生为主，不留背上和背下侧枝，背上不留大型枝组，主枝向四周伸展呈开心状（图 3-17）。

2. 整形要点

　　三主枝开心形在栽植后开始整形，通过 3～5 年完成树形的培养，以后一直维持这样的树体结构（图 3-18）。

　　定干：定植后立刻进行，丰产树一般定干高度 30～40 厘米，立地条件差则矮，反之则高。定干后自剪口从上到下 10～15 厘米的枝段为整形带，在整形带内选择 3～4 个饱满芽，整形带以下萌发的芽及时抹除。

　　定干后第 1 年的修剪：萌芽后选择 3 个长势健壮的新梢作为主枝培养，其余的新梢全部摘心，控制生长，培养成结果母枝。冬季修剪时选留主枝，向不同的方向生长，分布均匀，相互之间的水平夹角为 120°。主枝开张角度宜在 40°左右，剪留长度（主枝）为 35～45 厘米。3 个主枝之外的枝，凡重叠、交叉、影响主枝生长的一律从基部疏除，不影响主枝的可适当保留结果。

图 3-17　三主枝开心形

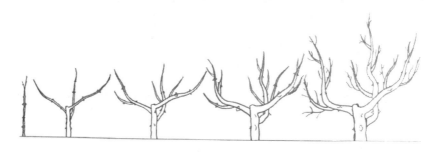

图 3-18　三主枝开心形及整形过程

定干后第 2 年的修剪：重点是继续培养主枝，选留第一侧枝。主枝延长枝的剪留长度为 45～50 厘米，采用强枝短留、弱枝长留的办法，使 3 个主枝均衡生长。在距离主干 30～40 厘米选留第一侧枝，侧枝宜选留斜平侧或斜向上侧，侧枝与主枝的水平夹角以 50°为宜。对于竞争枝，当竞争枝的长势超过延长枝，位置又比较适合时，可以改用竞争枝为枝头；当竞争枝的长势和延长枝相差不大时，对其采用重短截控制生长，一年后再从基部剪除；当竞争枝的长势弱于延长枝时从基部疏除，或改造成结果枝组。

定干后第 3 年的修剪：第 3 年的生长特点是树冠扩展较快，已经开始开花结果，此时整形的重点是培养主、侧枝，处理好辅养枝，培养结果枝组，主枝的枝头要高于侧枝，侧枝要高于结果枝组。具体做法是，在第一侧枝的对面选留主枝上的第二侧枝，在主枝斜向上或斜平侧，一、二侧枝之间的距离 30～50 厘米，第二侧枝与主枝夹角为 45°～50°。其他分枝在不影响骨干枝的情况下应尽量留作结果枝组。疏除过密枝，其余枝轻剪缓放，再根据枝条长短适时回缩。

3. 优缺点

优点：树冠开心，光照条件好，有利于内外部结果母枝的形成；结果立体化，可提高产量；从属关系分明，结构牢固；有利于病虫害的防治和杂草的铲除。

缺点：主枝数目少，对空间的利用有一定的局限性。从群体来看主枝的方位角不固定，株与株之间的差异较大，管理不便。

这种树形符合花椒自然生长特点，长势较强，骨架牢固，成形快，结果早，各级骨干枝安排比较灵活，便于掌握，易整形，一般被作为丰产树形所采用，在生产中应用较为广泛。

二、四主枝开心形

1. 树体结构特点

干高 20～40 厘米，树高 1.5～2.0 米，无中心干，有主枝 4 个，开张角度为 60°～70°，主枝间水平夹角为 90°，4 个主枝与行向的夹角均为 45°，主枝在中心干上的距离无强制要求。主枝上不留侧枝，直接培养大、中、小型结果枝组。主枝长度控制在行内相接，行间相隔 1～2 米（图 3-19）。

图 3-19　四主枝开心形

2. 整形要点

定植当年，定干高度 30～50 厘米，剪口留饱满芽。在冬季修剪时选留主枝，一年生枝数量多于 4 个时，选留生长势强、方位合适的 4 个枝条短截留作主枝，其余疏除（图 3-20）。一年生枝数量为 4 个时，且各枝条间生长势较为一致的，按照树形要求直接短截即可（图 3-21）。一年生枝数量为 3 个时，

图 3-20　一年生枝多于 4 个时选留主枝

图 3-21　一年生枝为 4 个时选留主枝

选长势稍弱的 2 个枝条轻短截留作主枝，生长势强旺的 1 个枝条中短截，促使其分枝，第二年选留成 2 个主枝（图 3-22）。一年生枝数量为 2 个的，则 2 个枝条均需中短截，促使每个枝条分支成 2 个枝条，第二年再选留主枝（图 3-23）。一年生枝为 4 个时选留主枝数量为 1 个的，需短截 1～2 次，直至选够 4 个枝条。

图 3-22　一年生枝为 3 个时选留主枝

图 3-23　一年生枝为 2 个时选留主枝

也可以在新梢长至 20 厘米左右时通过摘心等方法选留

主枝。

如果夏季没有及时选留主枝，至冬季时才选留的，除选留的4个枝条外，其余的枝条也可改造成临时结果枝组，控制其生长势，枝条剪留长度要短于主枝，开张角度要大于主枝，以维持选留的4个主枝的生长优势地位。主枝数量不够的则需要短截壮枝，促进分枝（图3-24）。注意选留的主枝生长势要均衡，如果生长势差异较大，则需要注意调整枝条的开张角度，控制旺长枝、扶壮衰弱枝。

第2~5年对选留的主枝在冬季修剪时中短截，促发分枝，同时采用拉枝等方法开张角度，调整方位角，使其保持生长优势地位，尽快成形。对其余的枝条则用截、放、疏等方法改造成结果枝组，让其开花结果，结果枝组的排布，以中、小型结果枝组为主，大型枝组间距50厘米左右。对强旺的影响树形的枝条要采取疏枝、造伤、开张角度等方法控制其生长势。

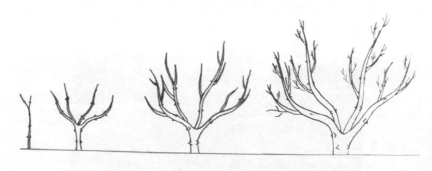

图3-24　四主枝开心形及整形过程

3. 优缺点

优点：四主枝开心形相比三主枝开心形，主枝数量多，结果部位多，容易早期丰产；树体结构更为合理，容易保持树形统一，便于统一管理，修剪简单，是新发展花椒园适宜采用的树形。

缺点：早期枝条生长势差异大，在选留 4 个主枝时不易保持相互之间的树势平衡，且部分生长势差的植株无法 1 年留够 4 个主枝，可能需要在 2 年内完成。

三、水平扇形

1. 树体结构特点

主干高 50～70 厘米，树冠高 2 米左右，有一直立强壮的中心干，中心干上着生主枝，开张角度为 90°，主枝朝向行内，南北行向的树将主枝分别拉向南、北两侧，缚绑于事先立好的直立木（竹）杆上（距中心干 0.5 米、1 米各一根），一般选留 14～20 个的水平主枝，同向主枝上下间距 20～30 厘米，树冠呈扁状，宽 2～3 米，厚 30～50 厘米，在主枝上培养小型结果枝组，向两侧斜生（图 3-25）。树势中庸稳定，树冠通风透光，产量高，便于管理和采收。

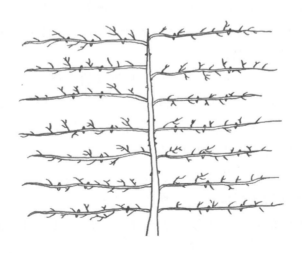

图 3-25 水平扇形

2. 整形要点

定干：定植当年在距地面 70～90 厘米处剪截，剪口下 20～30 厘米范围留饱满芽，抹去距地面 50 厘米范围内树干上的芽（图 3-26）。

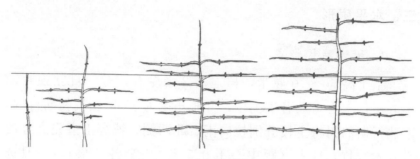

图 3-26　水平扇形整形过程

中心干培养：定干后，将剪口处萌发的新梢扶正，使其直立向上生长，待长度达 50 厘米左右时摘心，促其生长健壮、芽体饱满，有时会产生分枝。第二年萌芽前，将中心干延长枝留 40～50 厘米短截，在距剪口 20 厘米处下方刻芽，促其萌发壮梢，使中心干上萌发的枝条长势均衡。3～4 年后中心干高度达到 2 米时封顶。

主枝的培养：定干后，主干上萌发的新梢适当保留，长度达 1 米左右时，分别顺南北行向（栽植行向）拉向两侧，绑缚在事先顺行竖立、距主干 50 厘米的两根木杆上，使其呈近水平状。当年达不到 1 米长度的新梢，待第二年萌芽前，在饱满芽处短截，复壮长势，长度达 1 米后再拉向两侧木杆上绑缚。主枝长度以相邻两株树主枝相接为准。

结果枝组培养：主枝拉成近水平状后，其上分生枝条，使分生枝条保持平斜生长状态，待长到长度为 30 厘米左右时摘心，促使分枝，培养成结果枝组，结果枝组在主枝的两侧交错配置，枝组延伸范围控制在距主枝 30 厘米以内。

3. 优缺点

优点：成形快，树势稳定，通风透光好，修剪简单，管理容易，采收方便。树冠扁，适于密植，行距可在 2～2.5 米，行间便于机械化操作。

缺点：初期整形时要控制主枝的生长势，需要拉枝，修剪时要控制树势，防止上强下弱。

四、丛状形

1. 树体结构特点

无主干或仅有低矮主干，从根颈部抽出 4～5 个长枝，或一穴栽植 2～3 株，全部成活后自然生长而成（图 3-27）。

图 3-27　丛状形

2. 整形要点

第一年栽植后距地面 5～10 厘米重剪，萌芽后选留 4～5

个健壮而不同方位的新梢作为主枝，剪去纤弱的重叠枝条。待主枝长到 1 米以上时，适当进行轻短截，促使剪口下分生小枝，培养成结果枝组。第一年一般不短截，这样树冠扩展快，第二年在一部分主枝上部即能形成少量的花芽，在主枝的背上和背下斜插空配备 1～2 个中型结果枝组，以利长久结果。第三年开始结果（图 3-28）。以后每年注意适当疏除过密枝。进入结果盛期时，就要运用短截与回缩剪（将多年生长枝条回缩到分枝处）、疏剪相结合的办法，使其既通风透光又防止内膛空虚、结实部位外移。

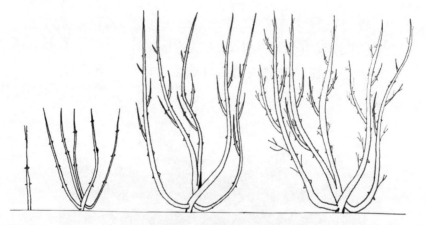

图 3-28　丛状形的培养

3. 优缺点

优点：修剪轻、成形快、树冠大，结果期和盛果期均早；主枝生长健壮；单株产量和单位面积产量均高。

缺点：长成大树后，主干多，枝条拥挤，通风透光性差，容易造成内膛空、表面结果，产量低，应剪除过多的大枝条和内膛过于密集的枝条（图 3-29）。丛状形枝条数量多，不便于管理和采收，生产中很少应用，只有个别零散栽植的树采用。

图 3-29　丛状形主枝过多

第四节　花椒的修剪方法

　　花椒树修剪时一定要按不同的生长阶段、不同的物候期等采取相应的修剪方法，修剪的目的和时期不同，采用的方法也有所不同。幼树期以培养树形为主，结果期以培养和更新结果枝组为主，衰老期以更新复壮为主。从年周期来看，冬季修剪大都有刺激局部生长的作用，生长季节修剪多是控制新梢旺长，去掉过密枝、重叠枝、竞争枝，改善通风透光条件，促进光合作用，使养分便于积累，促使来年形成更多的结椒枝，修剪通常采用短截、疏剪、缩剪、甩放等方法。夏季修剪多采用抹芽、除萌、疏枝、摘心等，适当控制生长势，促进花芽分化和果实生长，在修剪时注意剪"七枝"，即徒长枝、干枯枝、病虫枝、过密枝、交叉枝、重叠枝及纤细枝。

一、冬季常用修剪方法

冬季修剪在落叶后到翌年发芽前进行，是花椒修剪的主要时期，这一时期营养物质已从叶转向枝，再由枝转到根部或大的枝干开始储存，树体进入休眠期，也称为休眠期修剪，休眠期整形修剪对树体的损伤较小，也不容易引起流胶，消耗养分少，还能起到减少病虫的作用。

一般来说从落叶到发芽前的整个休眠期都可以进行冬剪，最好时期是公历的 1～2 月，此时养分回流最彻底，修剪对树体养分的浪费最少，但此时也是天气最冷的时候，生产中也有很多是在 3 月份进行修剪。

冬季修剪的方法通常有短截、疏剪、缩剪、甩放、开张角度等。修剪时依据目标树形先采用拉枝等方法调整枝条角度，特别是开张角度不到位或方位角不合适的骨干枝，然后疏除病虫枝、交叉枝、重叠枝、下垂枝、荫蔽枝等无效枝，对需要延长生长的部位适当短截。

1. 短截

短截就是将一年生枝条剪去一部分，留下一部分。修剪时剪口离剪口芽 3～5 毫米，剪口芽所在的一侧稍微高一点，呈一个斜面，这样容易愈合，剪口芽生长快。根据短截的程度可分为轻短截、中短截、重短截和极重短截等，在修剪时要依据树势、枝条生长情况等灵活掌握应用（图 3-30）。

轻短截——剪去枝条 1/4 左右，剪口下留饱满芽，促生长、中、短枝，削弱单枝生长，增加分枝，增加整体生长量，使母枝加粗。主要用于延长枝的修剪。

中短截——在新梢中上部饱满芽处下剪，剪去枝条的 1/3～1/2，促生中、长枝。主要用于大型结果枝组的培养。

重短截——在枝条中、下部下剪，促使剪口下抽生 2～3 个旺枝，增强抽生枝长势，抑制树体总生长量。多用于培养中、小型结果枝组。

极重短截——在枝条基部稍高处留基部瘪芽剪去整枝，可以促生 1～3 个中短枝。主要用于以弱枝换强枝，枝组更新等。

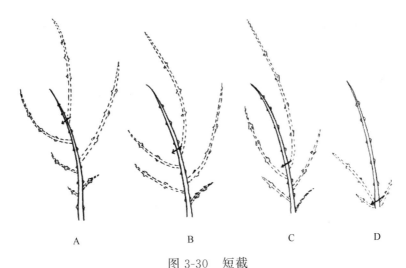

图 3-30　短截

A—轻短截；B—中短截；C—重短截；D—极重短截

短截的对象包括延长枝、徒长枝、长枝、中枝和短枝等各类枝条，不同枝条短截后的作用不同，主要是抑制强壮营养枝或徒长枝，促发侧枝形成发育枝或结果母枝；刺激较弱的枝条抽生强壮的新梢或抽生中庸的结果母枝；短截结果母枝，减少花量，合理分配树体营养，克服大小年结果现象。

2. 疏剪

疏剪就是把多余的枝条从基部剪除，主要疏除的枝条有干枯枝、病虫枝、交叉枝、重叠枝、徒长枝、主干裙枝等（图 3-31）。疏剪能节省营养，改善通风透光，平衡骨干枝生长，复壮结果枝组，延长后部枝组寿命。对于衰弱的树多采用疏弱留强的方法，集中养分，增强树势，强壮枝组，提高枝条发育质量。对于强旺的树多采用疏强留弱的方法，控制营养生长，缓和树势，促进花芽分化和开花结果。结果期和衰老期花椒树更新修剪时对大枝的疏除要逐年进行，不可一次疏除过多。疏剪不能留残桩（留疤不留茬），防止伤口不容易愈合而腐烂，避免潜伏芽萌发大量徒长枝。疏枝后留下的大的伤口要涂抹愈合剂进行保护。

图 3-31 疏剪

3. 缩剪

缩剪就是将多年生枝剪短的修剪（图 3-32）。缩剪可以控制顶端优势，改变延长枝方向，改善光照，控制树冠。特别是在结果枝上移、内膛枝组稀少时，可通过缩剪促生萌蘖，增加结果部位。回缩多年生下垂枝、弱枝，能改善树体光照和营养条件，提高果实质量，防止结果部位外移；重回缩衰老的主、侧枝，可促进发生健旺的新梢，更新树冠，复壮树势。

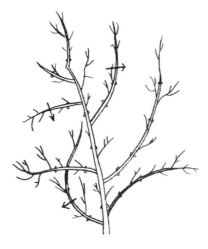

图 3-32　缩剪

4. 甩放

甩放就是对一年生枝不进行修剪，又叫缓放、长放（图 3-33）。不论是长枝还是中枝，与短截比较，甩放都有缓和生长势和降低成枝力的作用。长枝甩放后，枝条的增粗现象特别明显，而且发生中、短枝的数量多。幼树上斜生、水平或下垂的枝甩放后，成枝少且萌芽较多，容易开花结果。而骨干枝背上的强壮直立枝被甩放后，易出现"树上长树"现象，易给树形带来干扰，妨碍花芽形成，这类枝不能甩放。对于不易成花的花椒品种应连续甩放，待形成花芽或开花结果后，再及时回缩，培养成结果枝组。生长较弱的树，如连续甩放的枝条过多，则应及时短截和缩剪，否则更易衰老，而且坐果率降低或果实变小。

5. 开张角度

对直立而位置适当的枝条开张角度，促其萌发中、短枝，培养结果枝组。拉枝的主要对象是主枝，通过拉枝来调整主枝的开张角度和方位角。对结果枝组除拉枝外，可采取其他的压、坠、支、撑、别等方法来开张角度（图 3-34）。在开张角度时，可以借用一些开角工具，速度快、效果也好（图 3-35）。

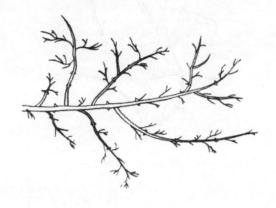

图 3-33　甩放

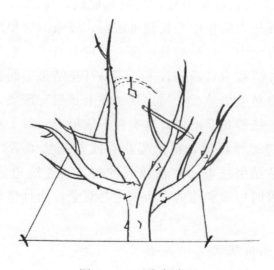

图 3-34　开张角度

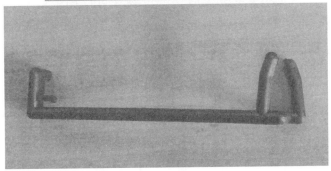

图 3-35　开角工具

二、春季常用修剪方法

春季修剪一般是指刚刚萌芽至开花前的一段时间的修剪，此时修剪主要是对冬季修剪的补充，兼有调整花芽数量、控制大小年等作用，也有的称为花前复剪。常用修剪方法有拿枝、抹芽、环割、刻芽等。

拿枝：对生长较直立、不易开张的枝条，用手将其适当扭曲，使其木质部软化，缓和其生长势，促其分化发芽或培养成结果枝组。

抹芽：对枝条萌发的过密枝芽，选其位置适当的予以保留，位置不当的及早抹去，节省以后的修剪工作量，特别是背上的强旺芽、延长枝剪口下的竞争芽等。

环割：对旺长枝或光秃枝，在光秃部位或枝条中段用环割刀进行多道环割，间隔 3～5 芽，促其后部萌发枝条，抑制环割口以上芽的生长。

刻芽：从芽上部刻伤，能促进刻伤口下芽的萌发，可以培养成结果枝组（图 3-36）。在芽下部刻伤会抑制刻伤口上芽的生长，缓和其生长势。定干后在整形带内刻芽可以促进芽萌发后培养成主枝，在主枝上适当部位刻芽可以用来培养侧枝或者结果枝组。一般拉至水平的枝条，背上芽在芽后刻芽抑制其生长，背下芽在芽前刻芽促进其生长，枝条两侧的芽不刻芽。

图 3-36　刻芽

春季常用的修剪方法还有拉枝、疏枝、短截等。

三、夏季常用修剪方法

夏季修剪属于花椒生长季节的修剪，时间上是从开花后到果实成熟之前，目的是抑制新梢旺长，去掉过密枝、重叠枝和竞争枝，改善通风透光条件，调节光合作用，使养分积累充足，既保证当年花、果的发育，也促使形成更多的结果母枝，为来年开花结果做准备（图3-37）。夏季修剪时间宜早不宜迟，一般在6月至7月上旬进行修剪，常用的修剪方法如下。

图 3-37　花椒夏季修剪

摘心：对生长位置适当，宜作为结果枝组培养的枝条进行摘心处理，使其发育成结果母枝（图3-38A）。

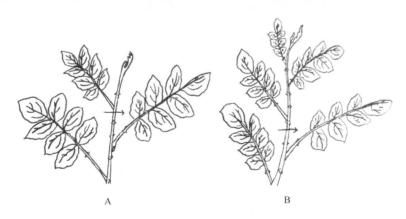

图 3-38　摘心与剪梢

A—摘心；B—剪梢

剪梢：对背上强旺新梢留 3～10 厘米短截，可控制生长、促发分枝，培养成小型枝组（图 3-38B）。

疏枝：疏除病虫枝、干枯枝、重叠枝、交叉枝、密生枝、细弱枝等。

除萌：对树干上主枝以下长出来的萌蘖枝，强旺的疏除、弱小的可以留下（图 3-39），以预防日灼。

图 3-39　花椒基部萌蘖

拉枝：对生长方位、角度不合适的主枝继续通过拉枝来调整角度。

扭梢：对生长直立旺盛的枝条，夏季修剪时一手拿稳枝条基部，另一手捏住枝条上部旋转180°，使木质部受到损伤，从而抑制营养生长，促进成花（图 3-40）。

环剥：对生长旺盛的枝条，在基部用环剥刀或环剥剪等工具剥去一圈树皮，可促进环剥口以上枝条养分积累，有利于果实生长和成花（图 3-41）。注意控制环剥口的宽度，一般为枝条直径的 1/10 左右，以环剥后 20 天左右剥口愈合为佳。

图 3-40 扭梢

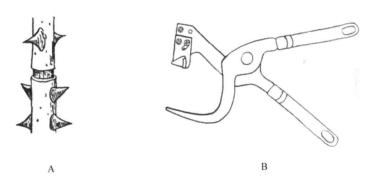

A

B

图 3-41 环剥

A—环剥口；B—环剥剪

四、秋季常用修剪方法

秋季修剪主要是结合采收进行，主要包括疏枝、开张角度等，注意修剪量要轻，防止树势衰弱。主要剪除病虫枝、干枯枝、重叠枝、交叉枝、密生枝、细弱枝，保留辅养枝，预留更新枝。

第五节　不同树龄花椒的修剪

在花椒树的生命周期中，要经历幼树期、结果期、衰老期等阶段，不同阶段树体发育特点不同，修剪特点也不同。

一、幼龄树整形修剪

花椒幼树期是在栽植后 1～3 年，幼树整形修剪，虽然修剪量小，但它关系到树形建造是否合理，能否为后期的生长结果奠定良好基础，故应引起足够重视。幼龄树要掌握整形和结果并重的原则，栽后第一年定干，第二年均匀保留主枝 3～4 个，轻短截主枝头，促进枝条生长，培养成为健壮主枝，疏除树干基部的小枝，其余枝条甩放或短截培养成结果枝组，注意结果枝组枝条的长度要短，开张角度要大，控制其生长势要比主枝弱。

二、初果期整形修剪

花椒栽后 3 年左右开始结果，一般从开始结果到栽后第 7 年产量少，这段时间为结果初期。此时根系不断扩展，树体生长很旺，树冠扩大迅速，骨架基本形成，以营养生长为主。初果期树修剪的主要任务是继续扩大树冠，培养好骨干枝，调整生长势，维持树势的平衡和各部分之间的从属关系，完成整形，有计划培养结果枝组，处理和利用好辅养枝，调整好生长和结果的矛盾，合理利用空间（图 3-42）。

1. 骨干枝的修剪

花椒的骨干枝包括中心干、主枝和侧枝，此期仍然要继续

图 3-42　初果期整形修剪

培养各级骨干枝，各骨干枝延长枝剪留长度应根据树势而定，随着结果母枝数量的增加，延长枝剪留长度比前期短，一般留30～40厘米，并注意开张角度。

主枝修剪应根据是否还有发展空间来确定修剪方法，若还有发展空间时，则对主枝延长头进行短截；若无发展空间时，则采取长放缓势的方法，然后再采用回缩方法控制枝条，在行间依据管理方式不同留出1～2米的通道，以方便田间操作机械通行为度。同时平衡各个主枝的长势，对长势强的主枝，可适当疏除其上的部分强枝，多缓放，减少枝条数量；对生长较弱的主枝，应少疏枝、多短截，减少结果量。在同一主枝上，维持前部和后部长势均衡。

2. 结果枝组的培养

充分利用空间、培养结果枝组，是此期整形修剪的主要工作之一；培养出位置合理、长势均衡的结果枝组，是获得早产、高产、稳产的基础。生产中一般采用先截后放、先放后缩或连续缓放等综合手法，培养大、中、小结果枝组。较大结果枝组间距 40 厘米左右，中、小结果枝组间距 20～30 厘米。

（1）先截后放法培养结果枝组　选中庸枝，第一年进行中度短截，促使分生枝条；第二年全部缓放，或疏除直立枝、保留斜生枝缓放，逐步培养成中、小型枝组（图 3-43）。

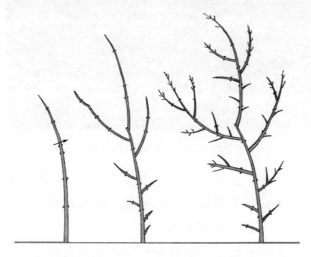

图 3-43　先截后放法培养结果枝组

（2）先截后缩法培养结果枝组　选较粗壮的枝条，第一年进行较重短截，促使分生较强壮的枝条；第二年再在适当部位回缩，培养成中、小型结果枝组（图 3-44）。

（3）先放后缩法培养结果枝组　花椒的弱枝缓放后很容易形成具有顶花芽的小分枝；第二年结果后在适当部位回缩，培养成中、小型结果枝组。

（4）连截再缩法培养结果枝组　多用于大型枝组的培养，第一年进行较重短截，促使分生较强壮的枝条；第二年选用不同强弱的枝为延长枝，并加以短截，使其继续延伸，以后再回缩。

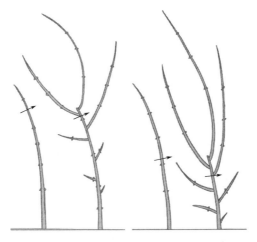

图 3-44　先截后缩法培养结果枝组

三、盛果期整形修剪

花椒栽后 8 年左右进入盛果期，盛果期可维持 20 年左右，盛果期整形修剪的主要任务是维持树势健壮，控制树冠大小，更新和调整各类结果枝组，维持结果枝组的长势和连续结果能力。

1. 骨干枝修剪

盛果期花椒树冠已形成，此期应通过对主枝延长头的修剪来控制其长度。如果没有大的病虫害影响骨干枝，对骨干枝应长期保持不变，直至衰老期的到来。生产中通过适当回缩修剪过长骨干枝以保持椒园行间留有 1～2 米的通道，行内株间枝条轻微交接。

2. 结果枝组的培养与更新

树形合适的盛果期花椒树，骨干枝基本不动，结果枝组是主要的修剪对象。对于由各级骨干枝上萌发的枝条，视空间大小培养大、中、小型结果枝组（图3-45、图3-46）。生产中空间较大时，通过先短截再回缩的方法培养较大的结果枝组；空间较小时，通过轻剪长放再回缩的方法培养中、小型结果枝

图3-45　大、中型结果枝组

图3-46　小型结果枝组

组。对于与侧枝同龄的结果枝组，可采用重回缩的方法，促其后部萌发新枝，然后培养新枝组；也可采用分批疏除的方法，刺激基部萌发新枝，培养新的结果枝组。

维持结果枝组年轻化是根本，可有效减少由于枝组老化而引起的花椒果穗粒数减少、果粒变小、品质下降等。宜将结果枝组的枝龄维持在 5 年生左右。各级骨干枝的背上一般不保留结果枝组，若确实需要保留时，应将其高度限制在 30 厘米左右。对于易衰弱的小型结果枝组，及时疏除其上的细弱分枝，并适当回缩；同时，可疏除部分较密处的小型结果枝组，集中养分供应，减轻中、小枝组的衰弱程度，达到复壮的目的。

3. 徒长枝的处理

盛果末期，树冠内膛常萌发长势强旺的徒长枝，不仅消耗大量养分，而且扰乱树形，应及时进行处理。生产中对枝组较多部位的徒长枝应及早抹芽或疏除。对骨干枝后部的徒长枝，在生长季节当其长到 30～40 厘米时进行摘心，促其分枝，并通过拿枝、拉枝等方法，将其引向两侧；冬季修剪时，疏除其上的强旺枝，保留中庸枝，将其改造成结果枝组。

四、衰老树的修剪

衰老树的修剪又叫更新修剪。花椒进入衰老期，表现为树势衰弱，骨干枝先端下垂，出现大枝枯死，外围枝生长量少多变为中短果枝，结果部位外移，产量开始下降。但衰老期是一个很长的时期，如果在树体刚衰退时能及时对枝头和枝组进行更新修剪，就可以减缓衰退速度，仍能获得较高的产量。

衰老期修剪的主要任务是及时而适度地进行结果枝组和骨干枝的更新复壮，培养新的枝组，延长树体寿命和结果年限。

为了达到上述目的，首先应分期分批更新衰老的主侧枝，但不能一次回缩得过重，以免造成树势更衰，应分段分期进行回缩，待部分复壮后，再回缩其他部位。其次要充分利用内膛徒长枝、强壮枝来代替主枝，并重截弱枝留强枝，回缩下部枝条留上部的枝条。对外围枝，应先短截生长细弱的，采用短截和不剪相结合的方法进行交替更新，使老树焕发结椒能力。对于强壮枝条要放而不剪，对于较弱的要重剪促发强枝。

衰老树更新修剪的方法，依据树体衰老程度而定，树体刚进入衰老期时可进行小更新，以后逐渐加重更新修剪的程度。当树体已经衰老，并有部分骨干枝开始干枯时，则需要进行大更新。小更新就是对主侧枝前部已经衰弱的部分进行较重的回缩，一般宜回缩在 4～5 年生的部位。选择长势强、向上生长的枝组，作为主侧枝的领导枝，把原枝头去掉，以复壮主侧枝的长势。大更新一般在主侧枝 1/3～1/2 处进行重回缩，回缩时应注意留下的带头枝具有较强的长势和较多的分枝，尽快恢复生长结果。当树体已经严重衰老，树冠残缺不全，主侧枝将要死亡时，可及早培养根颈部强壮的萌蘖枝，重新培养树冠。衰老树修剪时要注意把干枯枝、过密枝、病虫枝首先剪掉，对剪下的病虫枝一定要烧毁，以免继续传染繁殖。

五、放任树的修剪

放任树一般管理十分粗放，大多数不进行修剪，任其自然生长，产多少收多少。放任树的表现是：骨干枝过多，枝条紊乱，先端衰弱，落花落果严重，每果穗结果粒很少，产量低而不稳（图 3-47、图 3-48）。放任树修剪的任务是：改善树体结构，复壮枝头，增强主侧枝的长势，培养内膛结果枝组，增加结果部位。

图 3-47 放任树 1

图 3-48 放任树 2

1. 放任树的修剪方法

（1）树形的改造 放任树的树形是多种多样的，应本着因树修剪、随枝作形的原则，按照原有树形主枝数量的多少改造成相应的树形,可选择四主枝开心形或者三主枝开心形作为改造的目标。

(2)骨干枝和外围枝的调整 放任树一般大枝过多。首先要疏除扰乱树形的过密大枝,重点疏除中、后部光秃严重的重叠枝、交叉枝。对于影响光线的过密枝,应适当疏除,去弱留强;下垂枝要适度回缩,抬高角度,复壮枝头。

(3)结果枝组的复壮 对原有枝组,要采取缩放结合的方法,在较旺的分枝处回缩,抬高枝头角度,增强生长势,提高整个树冠的有效结果面积。疏除过密大枝和调整外围枝后,骨干枝上萌发的徒长枝增多,无用的要在夏季及时除萌以免消耗养分。同时要充分利用徒长枝,有计划地培养内膛结果枝组,增加结果部位。内膛枝组的培养,应以大、中型结果枝组为主,以斜侧枝组为主,衰老树可培养一定数量的背上枝组。

2. 放任树的改造

大树的修剪改造,要因树制宜,不可千篇一律,大致可分为3年完成。第一年以疏除过多的大枝为主,同时要对主侧枝的领导枝进行适度回缩,以复壮主侧枝的长势。第二年主要是对结果枝组的复壮,使树冠逐渐圆满,对枝组的修剪以缩剪为主、疏缩结合,使全树长势转旺。第三年主要是继续培养好内膛结果枝组,增加结果部位,更新衰老枝组。

3. 劣质花椒树的改造

在不少椒区除大红袍等优良花椒品种外,也杂生部分劣种花椒,产量低、品质差、成熟较晚,影响椒农收益。对劣种低产花椒,可采用嫁接的方法进行改造,首先是从距地面3~5厘米处锯断,然后嫁接优质花椒的接穗,先用塑条扎紧,而后用湿土封埋。过20多天后,接穗新芽便可破土而出,这样可比栽植新花椒树提前1～2年挂果。如果原有树形结构比较合理，嫁接部位可以高一些，保留原有的骨干枝，实施多头高接换优，这样树冠恢复快，产量提升也快。后期管理时注意对嫁接部位以下萌生的枝条要全部疏除。

4. 大小年树的调整

放任椒树易出现大小年。修剪时小年应适当少剪枝条，多留花穗，维持树势；大年应适当多剪枝条，加强后期管理，增加树体营养，促其形成较多的饱满花芽，为小年丰产打好基础。只有这样才能逐渐复壮树势，变小年为大年。但从根本上说，选择结果习性良好的品种栽植才是根治大小年现象的有效手段。

在修剪不同阶段的椒树时，一是注意把握目标树形结构指标，做到心中有数，用目标树形的结构指标去指导修剪，不能偏离太多；二是眼中有树，将既有的树形结构指标与目标树形相比较，灵活运用，不生搬硬套；三是一个园子里的树，尽量按一种树形去修剪，不管谁来修剪，不管修剪多少年，都是这个树形，这样树形就能培养得比较一致，修剪会越来越简单。修剪时要注意对主枝背上部位和树干基部小枝的适当保留，严格禁止剃光头的修剪方式，这样可以很好地减少日灼、流胶、干腐等病害的发生。

第四章

花椒土肥水管理

花椒的土肥水管理包括土壤管理、施肥管理以及水分管理三个方面。

第一节　花椒土壤管理

土壤是花椒生存的基础，只有良好的土壤条件，才能使花椒根系发达、枝叶旺盛、高产稳产。

一、土壤管理制度

1. 清耕制

清耕是我国传统的土壤管理制度，在生长季内多次中耕，松土除草，保持田间疏松无杂草，也不进行间作，一般灌溉后或杂草长到一定高度即中耕。清耕的优点是经常中耕除草，土壤通气好，春季土壤温度上升较快。缺点是土肥水流失严重，尤其是在有坡度的种植园，长期清耕，土壤有机质含量降低快，增加了对人工施肥的依赖；犁底层坚硬，不利于土壤透气、透水，影响根系生长；无草的种植园生态条件不好，作物害虫的天敌少；清耕劳动强度大，费时费工（图 4-1）。

图 4-1　清耕

2. 生草制

生草就是在椒园种植多年生豆科植物、禾本科植物或牧草，并定期刈割，割倒的草直接覆盖地面，使其自然分解腐烂，起到改土增肥的作用（图 4-2）。生草的作用是增加土壤有机质含量，提高花椒产量，利用土壤过剩的水分和养分，可以改善果园土壤水分和小气候状况，促进树体生长并节约劳动力。生草的方式有全园生草、行间生草和株间生草等，常选用的草种有三叶草、草木樨、沙打旺、小冠花等。除人工种草外，也可以自然生草，需要注意控制草的高度，防止恶性杂草的生长。

3. 覆盖制

花椒园常用的覆盖物有地膜、园艺地布、秸秆等，覆盖的增温、保墒作用明显，在干旱无灌溉条件的地方尤为适用（图

4-3）。各地可根据实际情况选择合适的覆盖材料进行覆盖，可只覆盖树盘，或只覆盖行内，或全园覆盖，可以是一种覆盖材料，也可多种覆盖材料混合使用。

图 4-2　自然生草

地布覆盖可以减少杂草的发生，减少田间管理成本，同时保水效果良好（图 4-4）。

4. 间作制

在幼树期，行间空地多，地表裸露，可以适当进行间作，但要把握种小不种大，种矮不种高，种短不种长，种春不种秋的原则，以花椒树为核心，间作物的生长不能影响花椒的生长（图 4-5）。

二、土壤深翻

花椒园深翻改土可以熟化土壤，增厚活土层，改善土壤结构，增加土壤透气性，提高土壤的保水保肥能力；促进好氧土壤微生物活动，有利土壤有机质转化，增肥地力；加深根系分布层，在伤根处可发生大量新根，扩大根系吸收范围，增强树势，提高果实产量和品质。如果土壤多年不翻耕，理化性质就会变差，透气不良，尤其山地椒园，椒树根系发育受抑制，易造成树势衰弱，形成"小老树"。

图 4-3　秸秆覆盖

图 4-4　地布覆盖

图 4-5　花椒间作小麦

1. 深翻时期

（1）春季深翻　在春季土壤解冻后即可进行，深翻可增加土壤透气性，切断土中毛管、保蓄土壤深层上升的水分，减少蒸发。

（2）夏季深翻　在雨季来临之时进行，此期为根系生长高峰，伤根易愈合并发生新根。在雨季深翻有利保蓄天然降水，满足树体对水分的需要。夏季深翻不宜过多地损伤根系，因此夏季深翻要适当浅一点。

（3）秋季深翻　在秋季果实采收后至树叶变黄以前（9月中旬至10月中旬）结合秋施基肥进行。此期温度较高，正值根系第二次生长高峰期，伤根容易愈合及发生新根；土壤养分转化快，加之果实采收后树体进入养分的积累阶段，叶片的有机营养源源不断地回流至根系贮藏，而根系吸收营养供给叶片需要，延长叶片寿命，提高光合效率，有利于树体养分的积累，为来年丰产打下良好的基础。此期为最佳的深翻时期，深翻后及时灌水，使土壤与根系紧密接触。

（4）冬季深翻　通过翻园将土壤中越冬的害虫翻出冻死或被鸟类取食，翻园深度一般为20～25厘米，最好在土壤封冻前进行。

2. 深翻方法

（1）扩穴深翻　沿树穴边缘或树冠投影下向外挖宽40厘米、深60厘米的环状沟，把混入绿肥、秸秆或腐熟的人畜粪尿、堆肥等的土回填，然后浇水，每年向外扩展直至全园翻完。注意不要切断直径1厘米以上的粗根。主要在秋季、冬季和春季进行。

（2）隔行（株）深翻　即第一年在两行（株）之间深翻一行（株），隔一行（株）不翻，等第二年再翻，深翻规格同扩穴深翻，此方法伤根少，每年只伤一侧的根，对树体影响较小。

三、土壤中耕

花椒属浅根性树种，根系集中分布在树冠范围内土表下0～60厘米深的地方，故有农谚"花椒不锄草，当年就衰老"的说法。所以花椒树盘范围内一年要进行2～3次锄草中耕，一般在降雨、灌溉后以及土壤板结时进行。中耕深度为5～10厘米，有利于土壤保墒、提高抗旱能力，同时中耕可疏松表土、增加土壤通气性、提高地温，促进好气微生物活动和养分有效化，去除杂草、促使根系伸展、调节土壤水分状况。7～8月正是雨季，这时只需除草，不需中耕松土。8月下旬以后，根系进入第2次生长高峰，这时中耕适当加深，有利于根系秋季生长。中耕尽量采用小型机械进行，可大大节省劳力，提高效率。

第二节　花椒施肥管理

花椒适应性强，能在土壤较贫瘠的山地上生长结果，但往往生长缓慢，产量低、品质差。在有机质含量为1‰～3‰的肥沃土壤中，在集中需肥期追施速效化肥可使花椒生长快、结果早，可取得连年优质高产。因此通过增施有机肥料或翻压绿肥，以及追施速效化肥，不断提高土壤肥力，是花椒优质高产栽培的重要措施。

一、施肥时期

基肥主要以迟效性农家肥为主，如鸡粪、羊粪、猪粪、牛粪等，现在有各种工厂化生产的有机肥、生物有机肥等可以使用，一般在秋季施肥，采收后落叶前施肥最好。追肥主要以速效化肥为主，如尿素、磷酸二氢钾、硫酸钾等，也有各种复合肥、复混肥，一般每年施两次。另外还有一些以提供微量元素为主的微肥，多用于叶面喷施。

1. 幼树期

主要以农家肥和氮肥为主，在保证土壤肥沃的同时，加快树体生长速度，使其树冠早形成。单株用量为：农家肥 5～10 千克，氮肥 0.3～0.5 千克，磷肥 0.25～0.3 千克。

2. 初果期

花椒栽后第 4 年进入初果期，可持续三年以上，需肥量逐年增加，要根据土壤肥力和树体状况确定用肥量，保证树体生长和结果需求。单株用量为：农家肥 10～20 千克，氮肥 0.4～0.6 千克，磷肥 0.6～1.0 千克。

3. 盛果期

花椒栽植 8 年以后，随着树体生长量和结果量的不断增加，施肥必须足量，单株用量为：农家肥 20～30 千克，迟效复合肥 0.5～0.8 千克。施肥量逐年酌情增加。

二、施肥技术

1. 基肥

椒树摘椒后直到次年春季树体发芽前均为基肥施用时期，但以摘椒后立即施用基肥为最好。秋季施基肥，土壤潮湿，地温较高，有利于土壤微生物的繁殖，使有机物有效转化，迅速被花椒根系吸收，增加树体营养，起到恢复树势的作用。同时还有利于提高冬季土壤温度，促进花椒来年正常生长发育。如果在秋季因故未能将基肥施下，则需在冬季结冻前继续补施。冬季施肥在气候干燥、土壤水分少的地区应多浇水，基肥以有机肥为主，混入磷肥，所用肥料为腐熟或半腐熟的猪粪、羊粪、鸡粪和人粪尿等农家肥料。施肥量根据树龄的大小和产量的高低确定。一般产干椒皮 0.1～1.0 千克的 4～6 年生初果树，每株每年施农家肥 5～10 千克，过磷酸钙 0.2～0.3 千克；产干椒皮 2.0～4.0 千克的 7 年生以上的盛果树，每株每年施农家肥 20～40 千克，过磷酸钙 0.5～2.0 千克，施入方法是结合深翻将肥料混入土中施到树冠投影外围 40 厘米左右深的土层中，栽植密度大的椒园用机械顺行挖施肥沟（图 4-6）。

图 4-6　开沟施肥

翻压绿肥法是在缺乏农家肥的情况下，增施有机肥的有效方法。通常是在花椒树的行间或椒园附近的空闲地或荒坡上种植绿肥作物，在摘椒后割取绿肥作物地上部分，结合深翻压入树冠投影外围 40 厘米左右深的土层中。每株每年压鲜草 40～50 千克，加入过磷酸钙 0.5～2.0 千克，尿素 0.5～1.0 千克。常用的绿肥作物有紫花苜蓿、沙打旺、毛叶苕子、草木樨、箭舌豌豆、田菁和紫穗槐等。

2. 追肥

追肥是在施基肥的基础上，根据花椒树各物候期的需肥特点补给肥料，为当年丰产和来年开花结果奠定基础。花椒树在年生长周期中，生长结果的进程不同，追肥的作用和时期也不同。萌芽前每株追施 0.3～0.5 千克尿素和 0.5～1.0 千克磷酸二铵，或 0.6 千克尿素和 1.5 千克过磷酸钙；开花后每株追施 0.5～1.0 千克的尿素或硝铵。无灌溉条件的山地椒园，土壤追肥时，可将肥料溶在水中，用追肥枪或打孔法，在树盘中多点注入。

（1）花前追肥　主要是对秋施基肥数量少和树体贮藏营养不足的补充，对果穗增大、提高坐果率，促进幼果发育都有显著作用。

（2）花后追肥　在 4 月下旬至 5 月初追施。主要是保证果实生长发育的需要，对长势弱而结果多的树效果显著。促进新梢健壮生长，提高叶片光合作用能力，并对提高坐果率和幼果发育均有很大的作用。

（3）花芽分化前追肥　在 6 月下旬至 7 月初追施一次速效性氮肥，对促进花芽分化有明显作用。此期追肥应以氮、磷肥为主，配合适量钾肥。对初结果和大龄树，为了增加花芽量、克服大小年，主要在此期追肥，不仅能促进当年增产、提高花椒品质，而且还为下年继续增产打下基础。

3. 叶面喷施

在一年的生长发育中，花椒 3 月上中旬开始萌芽，直到 4 月上旬为新梢生长期，4 月上旬到中旬为开花期，果实从柱头枯萎脱落坐果后，即进入速生期，到 5 月上旬约一个月的时间便长成成熟时期的大小，果实生长量达到全年总生长量的

90%以上，6月中旬花芽开始分化。

从以上可以看出，从3月到6月这三个月的时间内，经历新梢生长、果实形成和花芽分化三个重要物候期，表现出短时间内对养分需求量大而且集中的特点。生产中仅靠土壤追肥难以满足树体生长发育对养分的需求，常常造成落花落果严重、果实发育不良、花芽分化晚而少，既影响当年的果实产量和质量，也影响翌年的产量，不利于优质、高产和稳产。

生长期的叶面喷肥是花椒优质、高产和稳产管理的重要环节。一般在新梢速生期叶面喷施0.5%的尿素液；花期叶面喷施0.5%的硼砂＋0.5%的磷酸二氢钾水溶液1次；果实速生期喷施0.5%尿素液＋0.5%的磷酸二氢钾1次；花芽分化到果实采收前喷施0.3%的磷酸二氢钾1次；果实采收后喷0.5%的尿素液＋0.5%的磷酸二氢钾1次。

花椒叶面肥喷施注意事项：喷施时间在上午10点前或下午4点以后，避开中午的高温期，如果是阴天可以全天喷施；喷施浓度严格按照叶面肥产品标签的说明，现配现用，喷施后4小时内遇雨应重新喷施；和农药混喷时，施用方法严格按照产品说明；叶面肥的种类多，应根据花椒各个生长阶段需肥特点和肥料的性质合理选配。

第三节　花椒水分管理

灌水能充分发挥肥效，促进植株生长发育。有灌水条件的花椒园，灌水时要特别注意灌水时期和灌水量。没有灌溉条件的椒园，要做好水土保持工作，注意积蓄雨水、抗旱保墒，在丘陵山区梯田地种植时，可以围绕地边做堤埂、挡水堰，花椒树周围做成中间低周围高的浅坑，便于截留蓄积雨水，坡地种植的可做鱼鳞坑，充分利用自然降雨。

一、灌溉

1. 灌水时期

花椒一年中灌水的关键时期是萌芽前、坐果后和落叶后入冬前 3 个时期。在气温较高、土壤比较干旱的夏季，需视情况及时补充灌水。

（1）萌芽前　为补充越冬期间的水分损耗，促进花椒树的萌芽和开花，在干旱地区萌芽前必须灌水。春季泛碱严重的地方，萌芽前灌水还可冲洗盐分。有霜冻的地方，萌芽前灌水能减轻霜冻危害。

（2）坐果后　花椒枝叶生长旺盛，幼果迅速膨大时，对水分缺乏最敏感，应灌足果实膨大水，这对保证当年果实产量、品质和第二年树体的生长、结果具有重要作用。

（3）生长中期　为提高当年花椒产量，干旱少雨地区在果实膨大中后期，仍需灌水一次。7 月份以后视降雨情况少灌水。在夏季天热时应选择早晚灌水，不宜中午或下午灌水，否则会因土壤突然降温而导致根系吸水功能下降，造成花椒生理干旱而死亡。多雨地区可不灌水，保持土壤水分，以中午树叶不萎蔫、秋梢不旺长为宜，有利于营养物质的积累，促进花芽分化。

（4）入冬前　为保证花椒树安全越冬，并促进基肥的腐熟分解，利于根系发育，在秋施基肥以后要灌足越冬水，封冻前耕翻耙平。切忌地面积水越冬。

2. 灌水量

每次灌水量以渗透浸润 40 厘米土层为宜。为防止花椒树根部积水，常在树干基部周围培土，直径 40～50 厘米，高度 30 厘米。这样既可通过灌水使花椒树得到生长发育所需的足够水分，又不致因根部积水而引起树体死亡。

3. 灌水方式

（1）地面灌溉　灌溉水在地面流动过程中借重力和毛细管作用浸润土壤，或灌水在田面上形成一定深度的水层借重力作用逐渐渗入土壤的灌水技术。地面灌溉的田间工程简单、易于实施，水头要求低，能源消耗少；但容易破坏土壤团粒结构、表土易板结，水的利用率较低、平整土地的工作量大。地面灌溉的种类有如下几种。

① 畦灌：从末级灌水渠将水引入畦田中，灌溉水在畦面上以薄层水流形式在重力作用下沿畦长方向流动，同时向土壤中垂直入渗浸润土壤。

② 沟灌：从末级灌水渠将水引入灌水沟中，灌溉水在沟中沿沟长方向流动，部分水靠重力作用和土壤毛细管作用通过沟壁浸润土壤。

③ 格田灌溉：从末级渠道将水引入用土埂围成的格田，并保持一定深度的水层，靠垂直入渗浸润土壤。

④ 漫灌：椒园四周只有简单的土埂，引水入田后，任水漫流渗入土壤。这种方法浪费水资源，一般不采用。

（2）管道灌溉　从水源取水并逐级输送、分配到田间或供水点的各级管道和联结配件、闸阀等总称为管道灌溉系统。分为滴灌系统（图 4-7）、喷灌系统（图 4-8）和低压管道输水灌溉系统等，主要由首部取水加压设施、输水管网及灌溉出水装置三部分组成，通常按其可动程度将管道灌溉系统分为固定式、半固定式和移动式三种类型。

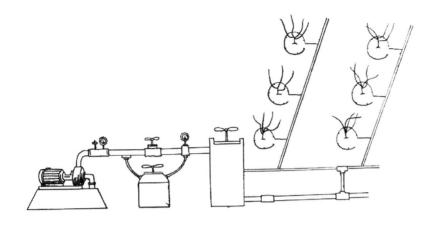

图 4-7　滴灌系统

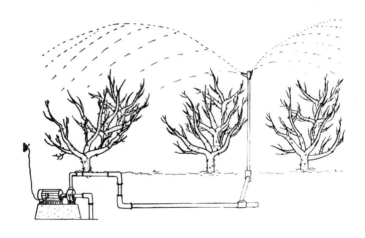

图 4-8　喷灌系统

二、排水

低洼易积水的花椒园，应充分考虑排水问题。特别是暴雨后必须及时排水松土，否则会因土壤板结不透气造成根系腐烂。

第五章

花椒病虫害防治

花椒病虫害种类较多，据统计已超过130余种。我国各地农林植保科研推广部门开展了大量花椒病虫害药效试验，取得一系列重要成果。

第一节　花椒病害

花椒在生长发育过程中，由于环境不适或受病原菌的侵害，常常发生一些影响椒树生长结实、产品质量的病害。常见的病害有锈病、根腐病、炭疽病、溃疡病、枯梢病、流胶病、膏药病、白粉病等，依据主要发病部位不同可以分为枝干病害、叶片病害、果实病害、根系病害和生理病害等。

一、枝干病害

1. 流胶病

（1）症状　该病害主要危害花椒的主干、主枝等部位，尤其是树干的根颈部位，严重时树冠上部枝条也产生病斑。发病初期病斑不明显，被害处表皮呈红褐色；随着病斑的扩大，病变部呈湿腐状，表皮略有凹陷，并伴有流胶出现；继续发展病斑变黑，大面积树皮腐烂，使树体营养物质运输受阻，造成病部一侧及病枝叶片黄化、凋萎；当病斑环绕枝干一周时，病斑上部枝干干枯死亡，乃至全株枯死。流胶病严重削弱树势，影响果实产量、品质和植株寿命，是目前花椒生产的主要病害之一。

（2）病害发生规律　该病在苗期就开始发作，成年期发生较为普遍。病菌以菌丝体和孢子座在病枝里越冬，翌年3～11月均可侵染椒树。当气温慢慢回升达到15℃时（流胶病菌丝体生长的适宜温度为25℃、最高温度30℃、最低温度15℃）老病斑开始恢复扩展，病部产生分生孢子借雨水传播扩散，由伤口侵入。一般在5月中、下旬开始发病，6月中旬至7月初病斑扩展迅速，7月中旬至8月中旬病菌发展迅速，传播速度快。病害发展可持续到10月，当气温下降、天气变凉时不利于病菌入侵、危害，病害停止发展。病害发生的程度与花椒的品种、树龄及立地条件有关，大红袍易感此病，抗病品种豆椒及野生品种枸椒发病轻或不发病；幼树发病轻，冷凉山地发病轻。一般情况下水浇地或雨水多的地区及病虫防治差的椒园发病较重，特别是6～8月份雨水较多年份病株数明显增多。

（3）防治方法　加强树体的栽培管理。增施有机肥，改良土壤，增强树体的抗病能力。

适时喷药，做好预防。由于此病病菌主要从伤口侵入，所以要注意减少树体伤口的产生，注意剪锯口的保护，适时防治虫害。在3月下旬喷1500倍甲基托布津等杀菌剂预防病菌侵入，在两次发病高峰期以前（5月中旬和7月下旬），每隔一周喷一次1000倍的杀毒矾或菌毒清，交替使用，连喷2～3次，预防侵染性病菌蔓延。在虫害严重时应及时用90%敌百虫 800 倍液或 80％ 敌敌畏乳油 500 倍液喷雾防治。对于已发生的病斑要及时刮除，再涂抹石硫合剂保护，发现枝干上有蛀孔时应及时用钢丝或竹签捅进，刺死活虫或用棉球蘸 50 倍敌敌畏液后塞进蛀孔，外面用软泥涂封，熏死蛀虫。

精细管理，保持树势，增加产量。合理的修剪是花椒树高产的前提，通过修剪构成一定的丰产树形，及时去除病虫枝、减少二次感染机会，合理布局枝条、控制结果、克服大小年，使树势健壮，连年丰产，达到优质、高产、稳产的目的。

清园消毒，减少越冬病原及虫害。冬季清理花椒园应彻底，将病虫枝叶集中烧毁或深埋；早春和秋末各喷一次 5 波美度石硫合剂或 100 倍等量式波尔多液，防治越冬病害；冬前树干涂白，防止冻害。

2. 溃疡病

（1）症状　花椒溃疡病是仅次于流胶病的又一重要枝干病害。该病害主要危害树冠下部大枝条或主干，产生大的溃疡斑，病斑常环绕枝干，造成枝干枯死。该病由瘤座孢目镰刀菌属的一种真菌引起。

（2）病害发生规律　病菌以菌丝体和分生孢子座在病斑上越冬。3 月份当气温逐渐回升转暖时开始发病，4～5 月份为病害发生盛期。4 月上旬至 5 月上旬在大型病斑中部逐渐产生分生孢子座及分生孢子。到 6 月份随气温的升高，树皮伤口愈合作用加强后，病斑就停止扩展蔓延。当年所产生的小病斑常常在翌年发病季节继续扩大，病斑上的繁殖体特别是已枯死枝条上的病斑所产生的分生孢子座，会在第二年产生大量的分生孢子，成为该病的初侵染源。病菌主要通过创伤、修剪等机械伤口以及虫伤（如蜗牛啃伤、天牛蛀孔等）侵入寄主组织。一般大龄椒树、衰老椒树都易发生枝干溃疡病。

（3）防治方法

① 清除病残体。及时锯掉已枯死的病枝，将其集中焚毁。

② 药剂防治。对活树上的病斑于早春或秋末用索利巴尔原液喷雾，然后再用稀泥敷盖，可起到减少侵染源的作用。还可用涂白保护剂对健康树涂干起到保护作用。

3. 枯梢病

（1）症状　该病主要危害当年小枝嫩梢。初期病斑不明显但嫩梢有失水萎蔫症状；后期嫩梢枯死，小枝上产生灰褐色、长形病斑，病斑上生有许多黑色小点，略突出表皮，黑色小点为分生孢子器。

（2）病害发生规律　病菌以菌丝体和分生孢子器在病组织中越冬。翌年春季病斑上的分生孢子器产生孢子借风、雨传播。在陕西6月下旬开始发病，7～8月份为发病盛期，在一年之中，病菌可多次侵染危害。

（3）防治方法　加强椒园栽培管理、增强树势是防治此病的主要途径。在一年管理中，发现病枯梢，应随时剪除烧毁。发病初期和盛期，可喷60%托布津1000倍或65%代森锌400倍或40%福美双800倍或50%代森铵300倍稀释液进行防治。

4. 膏药病

（1）症状　该病在树干和枝条上形成圆形、椭圆形或不规则形的菌膜组织，贴附于枝干上，直径可达6～10厘米，初呈灰白色、浅褐色或黄褐色，后转紫褐色、暗褐色或黑褐色；有时呈天鹅绒状，边缘色较淡，中部常有龟裂纹；有的后期干缩，逐渐剥落，整个菌膜好像中医用的膏药，故称"膏药病"。

（2）病害发生规律　花椒膏药病病原为担子菌亚门的隔担耳。担子果似膏药状，紧贴在花椒树枝干上。主要危害花椒的主干及枝，不论幼、中、老龄树均易发生该病。危害初期树皮出现灰色斑点，以后病斑中部逐步转为褐色。病斑由灰褐色的菌丝重叠交错形成，并不断扩大，最后在枝干表层形成一大圆形厚膜。在很多地区，花椒枝干及整株枯死，挂果少，结果小都与膏药病有关。膏药病的发生与树龄、湿度及品种有关，据调查花椒膏药病主要发生在荫蔽、潮湿的成年椒园；另外该病发生与介壳虫危害有关，膏药病病原以介壳虫分泌的蜜露为营养，故介壳虫危害严重的椒园，膏药病发病严重。

（3）防治方法

① 适时修剪，并在修剪口涂抹愈合剂保护伤口、防止病菌侵入；及时除去枯枝落叶烧掉或深埋；降低椒园湿度，并刮去树皮上菌膜。

② 药剂防治及人工铲除。药剂防治和人工铲除是针对有病的植株进行防治的主要方法，一般情况下我们只针对有病植株进行人工铲除病部并用石硫合剂涂抹，不仅能杀灭引发膏药病的真菌，对介壳虫也有一定的防治效果。

二、叶片病害

1. 锈病

（1）症状　花椒锈病是花椒叶部的重要病害，广泛分布在陕西、四川、河北、甘肃等省的花椒栽培区。锈病可引起花椒叶子提前大量脱落，从而导致椒树再次萌发新叶。这样不仅影响了当年椒树的产量，重要的是因二次发叶消耗大量养分，直接影响翌年花椒的产量和品质，对花椒树的寿命也有很大的威胁。发病初期叶片正面出现水渍点状褪绿斑，叶背面现黄色小斑点（夏孢子堆，球状排列，个别散生），大小 0.2～0.4 毫米，圆形至椭圆形，包被破裂后变为橙黄色，后又褪为浅黄色，在与夏孢子堆对应的叶正面现红褐色斑块，秋后又形成冬孢子堆，圆形或长圆形，凸起但不破裂，球状或散生排列，大小 0.2～0.7 毫米，橙黄色至暗黄色，严重时孢子堆扩展至全叶（图 5-1）。

图 5-1　花椒叶片锈病（见彩图）

（2）病害发生规律　花椒锈病的发生主要与气候有关。凡是降雨量多，特别是在第三季度雨量多、降雨天数多的条件下，锈病很容易发生。病原菌主要以夏孢子、冬孢子分别在落叶或树体上越冬，并成为初期侵染源，早春气温上升至 13℃时，孢子开始萌发，如果空气相对湿度在 80% 以上，即产生夏孢子堆，并以此作为再侵染源，重复侵染。6 月中旬至 9 月中旬即造成部分叶片脱落，9 月中旬至 10 月上旬达到发病高峰期，感病叶片大量脱落，11月上旬后病菌陆续进入越冬期。

（3）防治方法

① 提早防治。在未发病时可喷波尔多液（硫酸铜：生石灰：水的比例为1:1:100或1:2:200）或0.1～0.2波美度石硫合剂，或6月初至7月下旬对椒树用0.5％敌锈钠或200～400倍液的萎锈灵进行喷雾保护。每隔2～3周喷雾一次。

② 及时防治。对已发病的可喷15％的粉锈宁可湿性粉剂1000倍液，控制夏孢子堆产生。发病盛期可喷1:2:200的波尔多液，或0.1～0.2波美度石硫合剂，或15％粉锈宁可湿性粉剂1000～1500倍液。喷药时注意在叶背、叶面及树干上都喷上农药，同时还可兼治花椒白粉病、煤污病、蚜虫、红蜘蛛等病虫害。

③ 加强肥水管理，铲除杂草，合理修剪。晚秋及时清除枯枝落叶杂草并烧毁。

④ 培育抗病品种。枸椒等品种抗病性强，可与大红袍混合栽植，以降低锈病的流行速度；利用无性繁殖或嫁接等方法培育抗病品种。

2. 白粉病

（1）症状　主要侵染花椒叶片，也危害新梢和果实。病害大发生时叶片布满灰白色粉状物，病叶可达70％～100％。叶片被侵害时，最初于叶片表面形成白色粉状病斑，后病斑变成灰白色，并逐渐蔓延到整个叶片，严重时叶片卷缩枯萎。枝梢被害时，初为灰白色小斑点，后不断扩大蔓延，可使整个树梢受害，生出的叶细长，展叶缓慢，随病势的发展，病斑由灰白色变为暗灰色。果实受害后，果面形成灰白色粉状病斑，严重时引起幼果脱落。该病病原是子囊菌亚门、白粉菌目、白粉菌科、球针壳属的一种真菌。

（2）病害发生规律　分布于陕西、山西、四川及甘肃等产区。白粉菌以菌丝体在病组织上或芽内越冬，翌年形成分生孢子，借风力传播，分生孢子飞落到寄主表面，若条件适宜，即可萌发直接穿透表皮而侵入。孢子萌发适宜温度为 20～28℃，在较低温度条件下孢子也能萌发。因此干旱的夏季或温暖、闷热、多云的天气容易引起病害大发生。花椒栽植过密，施肥不当，通风、透光性差，也能促使病害流行。

（3）防治方法

① 人工防治，加强栽培管理。发病较多的椒园，注意清除病叶、病枝、病果，集中烧毁处理，防止传染。注意排水、施肥、中耕除草，以增强树势，并适当剪去过密枝叶，保持通风透光良好，可减轻发病。

② 药剂防治。早春花椒发芽前喷洒 45％晶体石硫合剂 100～150 倍液，除防治白粉病外，还可兼治叶螨、介壳虫等。花椒发芽后喷洒 45％晶体石硫合剂 180～200 倍液、75％百菌清可湿性粉剂 600～800 倍液、25％丙环唑乳油 1000～1500 倍液或 25％粉锈宁可湿性粉剂 1500～2000 倍液，间隔 7～10 天喷 1 次，有较好的防病效果。

3. 煤污病

（1）症状　主要危害叶片，此外还危害嫩梢及果实。发生严重时黑色霉层覆盖整个叶片，病叶率可达 90％以上，影响光合作用，造成减产。初期在叶片表面生有薄薄一层暗色霉斑，稍带灰色，随着霉斑的扩大、增多，霉层上散生黑色小粒点（子囊壳），此时霉层极易剥离（亦有不易剥离者）。由于霉层阻碍了叶片光合作用而影响花椒的正常生长发育。

（2）病害发生规律　该病分布于甘肃、陕西等省的花椒产区，多伴随蚜虫、介壳虫和斑衣蜡蝉的发生而发生。病菌以菌丝体及子囊壳在病组织上越冬，次年由此飞散出孢子，在蚜虫、斑衣蜡蝉的分泌物上繁殖引起发病。病菌在寄主上并不直接危害，主要是覆盖在寄主枝叶上而妨碍光合作用进而影响正常的生长发育。一般在蚜虫、介壳虫和斑衣蜡蝉发生严重时，该病发生危害也相应严重。在多风、空气潮湿、树冠枝叶茂密、通风不良的情况下，有利于病害的发生。

（3）防治方法

① 人工防治。注意树形的修整，保持树冠通风透光良好，降低湿度，以减轻该病发生。蚜虫、介壳虫发生严重时，要及时剪除被害枝条，集中烧毁。

② 药剂防治。蚜虫、斑衣蜡蝉发生时，喷施 2.5％敌杀死乳油 3000～4000 倍液或 20％灭扫利乳油 2000～3000 倍液。介壳虫发生时，早春椒树发芽前，喷施 45％晶体石硫合剂 100 倍液或 97％机油乳剂 50～60 倍液，要求喷施均匀全面。生长期蚜虫、介壳虫同时发生时，在介壳虫雌虫膨大前，喷施 24.5％爱福丁乳油 3000～4000 倍液、70％艾美乐水分散粒剂 6000～8000 倍液或 3％金世纪可湿性粉剂 1500～2000 倍液。

三、果实病害

1. 炭疽病

（1）症状　俗称黑果病，主要危害果实，也可危害叶片和嫩梢，严重时一个果实可达 3～10 个病斑，易造成果实脱落，一般减产 5％～20％，甚至高达 40％。发病初期，果实表面出现不规则的褐色小斑点，随着病情的发展，病斑变成圆形或近圆形，中央凹陷，深褐色或黑色。天气干燥时，病斑中央呈灰色或灰白色，且有许多排列成轮纹状的黑色或褐色小点。如遇到高温阴雨天气，病斑上的小黑点呈现粉红色小突起。病害可由果实向新梢、嫩叶上扩展，造成花椒落果、落叶、嫩梢枯死，对翌年坐果有很大影响。

（2）病害发生规律　该病是由胶孢炭疽菌侵染所引起，属半知菌亚门、黑盘孢炭疽菌属。病菌以菌丝体或分生孢子在病果、病叶及枝条上越冬，第二年 6 月初在温、湿度适宜时产生孢子借风雨和昆虫传播，引发病害，能发生多次侵染。每年 6 月下旬至 7 月上旬开始发病，8 月为发病高峰。在椒园密度过大、树势衰弱、通风不良、透光性差、高温、高湿等条件下有利于病害的发生。该病分布于甘肃、陕西、山西、河南、四川、云南等省区。

（3）防治方法　加强椒园管理，进行深耕翻土，防止偏施氮肥，采用配方施肥技术，降雨后及时排水，促进椒树生长发育，增强抗病力。及时清除病残体，集中烧毁，以减少病菌来源。通过修剪椒树改善椒园通风透光条件，减轻病害发生。冬季结合清洁椒园，喷施 1 次 3～5 波美度石硫合剂或 45％晶体石硫合剂 100～150 倍液，同时兼治其他病虫害。春季嫩叶期、幼果期，各喷 1 次 15％晶体石硫合剂 180～200 倍液、80％炭疽福美可湿性粉剂 800 倍液、50％除雷百利可湿性粉剂 800 倍液或 50％倍得利可湿性粉剂 800 倍液。在陕西 6 月中旬可喷 1 次 50％退菌特 800 倍液。8 月份可喷 1：1：200 的波尔多液或 50％退菌特 600～700 倍液或索利巴尔等进行防治。

2. 锈病

花椒锈病发生严重时也会侵染果实（图 5-2），发生规律及防治方法详见"二、叶片病害"。

图 5-2　花椒果实锈病（见彩图）

四、根系病害

1. 根腐病

（1）症状　具体表现为受害植株地下根部呈水肿状且变黑腐烂，有异臭味，根皮与木质部易脱离，木质部呈黑色，地上部分叶变小、叶黄、枝条发育不健全，发病严重时整株死亡。不论幼、中、老树都发此病。

（2）病害发生规律　花椒根腐病常发生在苗圃和成年椒园中，是由腐皮镰孢菌引起的一种土传病害，一般在 4～6 月开始发病，6～8 月发病最为严重。

（3）防治方法　夏季暴雨较多要注意排水。深翻土壤，增施有机肥，合理搭配磷、钾肥，改良土壤结构和通气状况。定植苗用 50％甲基托布津 500 倍液浸根 24 小时，然后定植。栽植前以穴为单位用生石灰水或草木灰水进行土壤消毒，并用 50％甲基托布津 500 倍液或 50％多菌灵 500～800 倍液浇定根水。每年结合除草、松土用 15％粉锈宁 500～800 倍液灌根，避免人为的根系损伤。每年的 4～5 月份，用 15％粉锈宁或 50％多菌灵 300～500 倍液灌根，每月 1 次，阻止健株发病和病株蔓延。夏秋季节用同样方法进行灌根 2～3 次，并对病株实行"刨土晾根"。12 月份至翌年 1 月挖除病根、死树并烧毁，减少病害侵染来源。对大树的病根要及时剪除，在剪口处涂上索利巴尔原液消毒，然后覆盖新土即可，效果极佳。

2. 根结线虫病

（1）症状　该病主要由南方根结线虫引起，根结是根结线虫病的典型症状。根结是因植物根自身膨大生成的，生长在根尖上，其形状、大小不定，削开根结的根皮，根结内有乳白色鸭梨形的雌虫，根结上可长很细弱的不定根，被害主根或侧根形成大的根结，许多根结聚在一起。

（2）防治方法

① 栽培管理。在冬季结合松土晾根，控制土壤水分。在病株树盘下深挖根系附近土壤，挖出受根结线虫危害的根系，将有根瘤、根结的须根团剪除掉，保留无根瘤、根结的健壮根和水平根及较粗大的根。挖土时应小心，尽量不要损伤主、侧根的皮层，只对受害的根进行剪除，健康根哪怕一小条都要保留。挖土以树冠滴水线下深、越靠近树干基部处越浅为原则，覆土最好不用原挖土，并撒施石灰，撒施石灰量按需客土量的 1％～2％为宜。剪除的病根应及时清除出果园，并集中烧毁。

② 药物防治。在挖土剪除病根时覆土均匀混施药剂。或在树冠滴水线下挖深 15 厘米、宽 30 厘米的环形沟，灌水后施药并覆土。或在树盘内每隔 20～30 厘米处开一穴，将药剂注入或放在 15～20 厘米的深处，施药后及时覆土并灌水。为安全起见，药剂施用时间宜在冬季或早春的 2 月至 3 月初进行。

五、生理病害

1. 冻害

（1）花椒冻害的成因　在越冬期间或春季花椒嫩梢期，由于极端天气引起气温急剧下降，树体全部或局部的温度降至冰点以下引起的伤害，因细胞间隙结冰以致花椒组织伤害或死亡，称为花椒冻害。

（2）冻害的种类　一类发生在越冬期间，由于强烈降温或持续低温所造成的冻害，这类冻害主要表现为树体、枝干、根系冻害，而其中又以枝干冻害对生产威胁最大、影响范围很广；另一类是秋冬或冬春季节交替时，由于剧烈降温引起的霜冻，前者为秋霜冻，后者称为春霜冻（倒春寒）。花椒发生冻害的界限温度，越冬期间幼树的临界温度为$-18\sim-20℃$，10年生以上的大树可耐$-20\sim-23℃$低温，花椒嫩芽生长期出现$0℃$以下低温或低于$3℃$气温连续三天以上，将受冻害。开花期最低气温低于$2℃$或日气温降幅大于$6℃$，花芽将受害（图5-3、图5-4）。

（3）防治方法

① 综合培育抗性。首先造林时，不能将树栽植在迎风面及冷空气经常经过的地方，做到适地适树。其次多施有机肥，秋季增施磷钾肥，合理修剪，及时防治病虫害，从而促进树体健壮，提高树体营养物质的积累，增强抗冻能力。

② 秋季水肥管理。进入7月份后应停止追施氮肥，以防后秋季疯长；基肥应尽早于9～10月份施入，有利于提高树体的营养水平。

③ 修剪控制树体旺长。9～10月份对直立旺枝采取拉、别和摘心等措施来削弱其长势，控制旺树效果明显，可提高树体

图 5-3 枝干冻害（见彩图）

图 5-4 晚霜危害（见彩图）

的抗寒能力。

④ 增强树体的营养水平。在 7 月份可施硫酸钾等速效钾肥；叶面喷施光合微肥、旱地龙、氨基酸螯合肥等高效微肥，以提高树体的光合能力。在 9 月份叶面喷施 0.5% 的磷酸二氢

钾与尿素混合肥液，每隔 7～10 天连喷 2～3 次，可有效地提高树体营养储备和抗寒能力。

⑤ 加强越冬保护管理。采用主干培土和花椒苗整株培土的有效防护措施，加强对树体保护；对树干涂白保护，用生石灰 5 份＋硫黄 0.5 份＋食盐 2 份＋植物油 0.1 份＋水 20 份配制成保护剂进行树体涂干。

⑥ 喷洒防冻剂。在越冬期间对树体喷洒 1％～1.25％ 的防冻剂溶液，可有效防止树枝的冻害。

⑦ 灌水、喷水。时间应掌握在发生霜冻前 2～3 天。通过灌水改变土壤水分含量，调节树体周围近地面温度日变化，减轻树体和花器因温度剧烈变化引起的寒害程度。霜冻发生期椒园连续对树体喷水，可缓和树体气温骤变，防霜冻效果明显，一般霜冻每隔 15～30 分钟喷 1 次，较重时可每隔 7～8 分钟喷 1 次。

⑧ 熏烟。运用硝铵∶锯末＝3∶7 的比例制成烟雾剂，每亩用量 3 千克，点燃熏烟使椒园上空（20 米以内）被烟雾层笼罩，可减少地面散热，并提高椒树树冠近地气层温度 1～2℃，熏烟堆的点火时间应根据天气预报在椒园气温降至 3℃ 以下时进行。

⑨ 发生冻害后的补救。修剪，对受冻较轻的椒树，萌芽后应及时剪去或锯除枯死部分，较大的剪口或锯口要涂抹保护剂，减少水分蒸腾。对于树冠受冻枯死的椒树，应待根部萌蘖抽生后再锯除地上部分，并削平伤口，用石蜡封口。肥水管理，及时清除椒园杂草，加强椒园肥水管理，叶面喷施糖、硼肥等，根部追施复合肥，增强树体养分，提高枝芽质量，促进萌发新枝。病虫防治，花椒受晚霜冻害后，树体抗病虫能力会明显减弱，加上清理枯枝留下的伤口较多，病虫会乘虚而入，

要及时喷洒杀虫剂、杀菌剂，增强树体康复能力。

2. 日灼

（1）症状　枝条日灼后半边或全枝干枯，受日灼危害后容易引起其他病害的发生（图 5-5、图 5-6）。

图 5-5　日灼 1（见彩图）

图 5-6　日灼 2（见彩图）

（2）病害发生原因　日灼是烈日高温暴晒引起的生理病害，特别是气候干旱、土壤缺水时，枝条受到强光直射，使得表皮温度升高，蒸发消耗水分过多，根系无法及时补充消耗的水分，最后枝条细胞因缺水而受到伤害死亡。

（3）防治方法　夏季高温时定期浇水，修剪时背上留枝遮挡太阳，枝干涂白防止阳光直射等可以减轻日灼的发生；秋季摘心，防止枝条徒长，涂白等措施可以防止冬季日灼。在高温出现前喷施2%石灰乳液，或喷洒0.2%～0.3%磷酸二氢钾溶液，可起到预防作用，减轻危害。

第二节　花椒虫害

我国花椒害虫种类很多，已知的约有132种。如金龟子类、跳甲、凤蝶、刺蛾、大袋蛾、蚜虫、介壳虫、红蜘蛛、瘿蚊、虎天牛等。各种虫害危害严重时，可导致树体生长衰弱，当年无产量，或产量低、品质差。

一、枝干虫害

1. 虎天牛

（1）形态特征　虎天牛属鞘翅目天牛科。成虫体长19～24毫米，体黑色，全身有黄色绒毛。头部细点密布，触角11节，约为体长的1/3。足与体色相同。在鞘翅中部有2个黑斑，在翅面1/3处有一近圆形黑斑。卵长椭圆形，长1毫米，宽0.5毫米，初产时白色，孵化前黄褐色。初孵幼虫头淡黄色，体乳白色，2～3龄后头黄褐色，大龄幼虫体黄白色，节间青白色。蛹初期乳白色，后渐变为黄色。

（2）生活史和习性 虎天牛两年发生一代，多以幼虫越冬。5月成虫陆续羽化，6月下旬成虫爬出树干，咬食健康枝叶。成虫晴天活跃，雨前闷热最活跃。7月中旬在花椒树干高1米处交尾，并产卵于树皮裂缝的深处，每处1～2粒，一雌虫一生可产卵20～30粒。一般8月至10月卵孵化，幼虫在树干里越冬。次年4月幼虫在树皮部分取食，虫道内流出黄褐色黏液，俗称"花椒油"。5月幼虫钻食木质部并将粪便排出虫道。蛀道一般扁圆形，向上倾斜与树干呈45°。幼虫共5龄，以老熟幼虫在蛀道内化蛹。6月受害椒树开始枯萎（图5-7）。

图5-7 天牛危害（见彩图）

（3）危害特征 主要以幼虫危害枝干，枝干受害后易遭风折、腐烂，甚至整枝枯死。

（4）防治方法

清除虫源。及时收集当年枯萎死亡植株，集中烧毁，或6～8月份将树干涂白防止成虫产卵。

人工捕杀。①杀灭幼虫：4月下旬幼虫危害时，危害部位有黄褐色汁液流出，此时用尖刀找到幼虫杀死。5月下旬幼虫蛀入木质部时，在蛀孔口有淡黄色木屑排出，可用铁丝钩钩杀幼虫，或注入敌敌畏 500 倍液杀死幼虫。②捕杀成虫：在 7 月成虫取食、交尾活动时的晴天早晨和下午人工捕捉成虫。

2. 介壳虫

（1）形态特征　介壳虫是同翅目蚧总科蚧类统称，有草履蚧、桑盾蚧、杨白片盾蚧、梨圆盾蚧等。它们的特点都是依靠其特有的刺吸式口器，吸食花椒芽、叶、嫩枝的汁液，造成枯梢、黄叶，树势衰弱，严重时死亡。体型多较小，雌雄异型，雌虫固定于叶片和枝干上，体表覆盖蜡质分泌物或介壳。一般介壳虫产卵于介壳下，初孵若虫尚无蜡质或介壳覆盖，在叶片、枝条上爬动，寻求适当取食位置。2 龄后固定不动，开始分泌蜡质或介壳（图 5-8）。

图 5-8　介壳虫危害（见彩图）

（2）生活史和习性　蚧类一年发生一代或几代，5～9 月均可见若虫和成虫。

（3）防治方法　由于蚧类成虫体表覆盖蜡质或介壳，药剂难以渗入，防治效果不佳。因此蚧类防治重点在若虫期，在发芽前用速扑杀、介壳灵、蚧霸等药剂喷雾防治，效果良好。

① 物理防治：冬、春用草把或刷子抹杀主干或枝条上越冬的雌虫和茧内雄蛹。

② 化学防治：可选择内吸性杀虫剂，如 40％速扑杀800～1000 倍液。在第一代和第二代若虫孵化盛期，喷布索利巴尔或乙酰甲胺磷 400～500 倍液。若虫成熟期，有一种胶质覆盖物保护虫体吸收树汁为害，此时可用塑料硬刷捣毁虫体覆盖物后，再喷施乐斯本 1500 倍液。也可用注射器将药物注入花椒树韧皮部，待介壳虫从树干吸收养分时内吸药物致死，起到杀灭作用，达到防治的效果。

3. 吉丁虫

（1）危害特征　以幼虫蛀食枝干皮层，在形成层蛀成不规则蛀道，导致白或褐色胶汁流出。一般蛀食树干的中下部，以主干基部受害最重。该虫一年发生一代，多以高龄幼虫蛀入木质部 3～10 毫米深处越冬，少数以幼龄虫潜入韧皮部越冬。翌年春花椒萌芽，便在皮层下继续取食危害，4 月下旬幼虫蛀入木质部化蛹，蛹期 18～20 天。6 月下旬成虫羽化出洞，7 月上旬卵开始孵化，8～10 月幼虫取食危害高峰期，11 月上旬幼虫停止取食，进入越冬状态。

（2）防治方法　清除枯死株及濒死株，彻底烧毁。锤击杀灭幼虫。幼虫化蛹前，在树皮中活动为害，虫越小离树皮外皮越近，而且幼虫体表皮薄，一触即破，所以用小锤头或圆石块锤击流胶部位，可直接杀死皮下幼虫，同时需将流胶部位刮净。药剂防治：成虫羽化前在椒树基部涂上辛硫磷、索利巴尔等农药，然后用泥敷严即可，成虫羽化后用 20％灭多威 400～

500 倍液喷雾消灭成虫。如幼虫为害流胶汁，就用快刀将胶斑彻底刮除，然后敷上稀泥保护伤口，效果良好。

二、叶片虫害

1. 红蜘蛛

（1）形态特征　花椒红蜘蛛又名花椒叶螨，以成虫危害花椒叶片，致使叶片早落，花椒质量下降。雌成虫体卵圆形，长0.55 毫米，体背隆起，有细皱纹，有刚毛，分成 6 排，雌虫有越冬型和非越冬型之分，前者鲜红色，后者暗红色。雄成虫体较雌成虫小，长约 0.4 毫米。卵圆球形，半透明，表面光滑，有光泽，橙红色，后期颜色渐渐浅淡。幼虫初孵化乳白色，圆形，有足 3 对，淡绿色。若虫体近卵圆形，有足 4 对，翠绿色。

（2）生活史和习性　一年发生 6～9 代，以受精雌成虫在枝干树皮裂缝内、粗皮下及靠近树干基部土块缝里越冬。越冬成虫在花椒发芽时开始活动，并危害幼芽。第一代幼虫在花序伸长期开始出现，盛花期危害最盛。成虫交配后产卵于叶背主脉两侧。花椒红蜘蛛也可孤雌生殖，其后代为雄虫。红蜘蛛每年发生的轻重与该地区的温湿度有很大的关系，高温干旱发生严重。

（3）防治方法

① 化学防治：必须抓住关键时期，在 4～5 月害螨盛孵期、高发期用 25％杀螨净 500 倍液、73％克螨特 3000 倍液防治；或用内吸性杀虫剂 40％速扑杀 800～1000 倍液。常用的农药还有 25％的精克草星、15％的哒螨灵（扫螨净）、34％的杀螨利果、34％的大克螨、5％的尼索朗等。农药应轮换交替使用，不能常用一种农药，以免害螨产生抗药性。

② 生物防治：害螨有很多天敌，如一些捕食螨类、瓢虫等，田间尽量少用广谱性杀虫剂，以保护天敌。

2. 跳甲

（1）危害特征　以幼虫潜入叶内，取食叶肉组织，使被害叶片出现块状透明斑，当受害叶片发黄枯焦时迁移到健康叶上继续取食。危害严重时受害树的叶片被食尽，树叶全部焦枯，似火烧状，对花椒产量影响极大。除危害叶片外，有的幼虫还专门蛀食嫩椒果的果仁、花序梗和叶柄（如花椒红胫跳甲），是造成落果、叶片萎蔫而大量减产的主要害虫。

（2）防治方法　在花椒展叶期，用杀螟松 2000 倍液或敌杀死 2000 倍液喷洒树冠和地面，杀灭出土的越冬成虫；也可于 5 月中下旬幼虫盛发期用磷胺乳油 800～1000 倍液喷树冠，杀灭幼虫。在秋季花椒第二次旺长时，跳甲正是产卵期，用高效农药灭多威 400～500 倍液可杀死成虫及虫卵。在 8 月下旬气候渐凉，成虫多在嫩梢处危害，很不活跃，利用人工振落，进行捕捉，效果良好。越冬成虫的防治：采取综合防治措施，加强栽培管理，控制虫口基数。在冬前清除烧毁杂草枯叶、换土施肥、浇灌冬水等，可破坏成虫越冬场所，使部分成虫暴露于土面，冷冻致死，尤其是冬前结合换土施肥进行一次灌水，成虫死亡率达 40％～60％。

3. 蚜虫

（1）生活史和习性　常群集在花椒嫩叶背面和嫩茎上刺吸汁液。蚜虫的生活史较复杂，一年可繁殖 20～30 代，以卵在花椒等寄主上越冬。第二年 3 月孵化后的若蚜叫"干母"，干母一般在花椒上繁殖 2～4 代后产生有翅胎生蚜，有翅蚜 4～5 月间飞往其他寄主上产生后代为害，到 8 月份部分有翅蚜从其他寄主上迁飞至花椒上第二次取食为害。

（2）危害特征　一般发生在每年的 4～6 月和 10～11 月，经它吸吮叶片、花、幼果及嫩枝梢的汁液后，被害叶片向后背卷缩，引起落花、落果，并易诱发煤污病。近几年由于暖冬的出现及疏于防治，花椒蚜虫为害逐年加重。严重时感染煤污病，影响叶片光合作用，降低椒树坐果率或果实不饱满，一般减产 20%～30%，严重的可减产 50%，严重影响经济收益（图 5-9）。

图 5-9　蚜虫危害（见彩图）

（3）防治方法　花椒树发芽前，用药喷洒全树，杀死越冬卵。4 月上旬树干涂药，树盘内撒施辛硫磷颗粒剂，浅耙入土，杀灭根部蚜虫。刮去树干粗皮，长宽约 15～20 厘米，深度以现绿白色为宜，将稀释的药液涂刷在上面，用纸贴上，再用塑料薄膜封好，为了使薄膜固定，两端用绳带捆好，一般在发现蚜虫出现后就可做，时间大概在 4 月中旬至 5 月上旬，这样做不但可杀蚜虫，而且不会伤害天敌。

4. 金龟子

(1) 危害特征 危害花椒的主要是铜绿金龟子。幼虫在土中危害植物根系，造成苗木缺株断垄；成虫危害树叶及幼果，发生严重时，能将嫩叶吃光，对花椒生长影响很大。成虫体长15～20毫米，宽8～11毫米，背面大部分铜绿色，有光泽，在6～7月危害达高峰。成虫白天隐伏于灌木、草丛及表土内，黄昏时飞出交尾取食，夜间9～10时为活动高峰，尤以闷热无雨的夜晚活动最盛。

(2) 防治方法 用5%辛硫磷颗粒剂，每亩2千克进行土壤处理。越冬成虫出土高峰期，用20%灭多威400～500倍液，于下午2～9时，喷洒成虫出土聚集较多地段。在成虫发生危害时可用药喷树冠杀成虫。黑光灯诱杀成虫：夜晚8～11时开灯，在黑光灯周围半径10米以内地面喷施毒死蜱1000倍液，以杀死落地的金龟子。成虫大量发生时，可在树上喷毒死蜱1000倍液。

5. 凤蝶

(1) 形态特征 幼虫初龄黑褐色，头尾黄白。老熟时全体绿色或黄绿色，后胸背两侧有蛇眼纹，中央有黑紫色斑点，体侧面有3条蓝黑色斜带。成虫前翅中室端部有2个黑斑，基部有几条黑色纵线，后翅黑带中有散生的蓝色磷粉，臀角有橙色圆斑，中有一小黑点。

(2) 生活史和习性 黄河流域一年发生2～3代，长江流域一年发生3～4代，有世代重叠现象，各虫态发生很不整齐。以蛹越冬，3月底羽化成虫。成虫白天飞翔活动，吸食花蜜，交尾产卵，卵散产于叶背或叶表面，卵期约7天。初孵幼虫取食嫩叶，将叶片咬成小孔或从边缘取食，将嫩叶全部吃光，老叶仅留叶脉。幼虫老熟后停止取食不动，体发亮，蜕皮化蛹。蛹斜立于枝干上，一端固定，一端悬空，并有丝缠绕。

（3）防治方法

① 生物防治　以菌治虫：用含活芽孢 100 亿个/克的苏云金杆菌悬浮剂 400 倍液或含活孢子 50 亿～100 亿个/克的白僵菌可湿性粉剂喷雾。以虫治虫：将寄生蜂寄生的越冬蛹，从花椒枝上剪下来，放置室内，寄生蜂羽化后放回椒园，使其继续寄生，控制凤蝶发生数量。杀灭虫蛹：秋末冬初及时清除越冬蛹；5～10 月间人工摘除幼虫和蛹，集中烧毁。

② 药剂防治　低龄幼虫期，喷洒 80％敌敌畏乳油 1500 倍液、90％晶体敌百虫 1000 倍液、20％氰戊菊酯乳油 3000 倍液、2％氟丙菊酯乳油 2000 倍液或 40％辛硫磷乳油 1200 倍液等。可用胃毒剂的农药，如 80％敌敌畏乳油 1000 倍液或 90％晶体敌百虫 800～1000 倍液或 50％的杀螟松等。

第三节　花椒病虫害的综合防治

"预防为主，综合防治"是植物病虫害防治的基本原则，花椒病虫防治也要遵循这一原则。不同地域花椒病虫害有其特殊性，在日常管理过程中要注意观察记录，掌握本地区容易发生的病虫害种类和发生规律，做好预防工作。现在所用杀虫、杀菌剂大多为广谱性的，同一种药对不同的虫或病有杀灭治疗效果，在用药时综合考虑，注意轮换用药，防止病虫产生抗药性。花椒病虫害周年防治主要分几个阶段进行。

一、休眠期

（1）刮除老树皮，清除树皮中的越冬病虫，并兼治腐烂病、流胶病。

（2）喷 5 波美度的石硫合剂，防止叶斑病、锈病等多种病虫害。

（3）在树干基部，刮平树干后涂 6～10 厘米宽黏胶环，阻杀草履蚧的若虫；于根颈及表土喷 6％柴油乳剂或喷 50％辛硫磷乳油 200 倍液杀死土壤中的越冬若虫和介壳虫。

（4）敲击树干砸死皮缝中的刺蛾蛹、舞毒蛾卵块；清除石块下越冬的刺蛾虫茧及土缝中的舞毒蛾卵块等。

二、萌芽前

（1）树上挂半干枯树枝诱集吉丁虫成虫产卵，在 6 月中旬或羽化成虫前全部收回烧毁。

（2）喷 3～5 波美度石硫合剂防治草履蚧、盾蚧、叶斑病、锈病、腐烂病等；用 50％甲基硫菌灵可湿性粉剂、50％多菌灵可湿性粉剂 50～100 倍液涂刷树干预防腐烂病感染。

三、萌芽展叶期

（1）喷 25％噻嗪酮可湿性粉剂 2500 倍液防治草履蚧和盾蚧。

（2）早晨或傍晚振动树干人工捕杀金龟子成虫。

（3）喷 2.5％氯氟氰菊酯乳油或 2.5％溴氰菊酯乳油 1500 倍液，防治柑橘凤蝶、玉带凤蝶、舞毒蛾、尺蠖等幼虫。

（4）剪除不发芽、不展叶的虫枝，消灭小吉丁虫，剪下的虫枝集中烧毁。

（5）开花前后喷 50％甲基硫菌灵可湿性粉剂 500～800 倍液；5 月中下旬喷波尔多液（1∶0.5∶200）1～3 次防治叶斑病；用波尔多液（1∶2∶200）交替喷洒防治叶斑病和锈病；

用 70％甲基硫菌灵可湿性粉剂、50％多菌灵可湿性粉剂、65％代森锌可湿性粉剂 200～300 倍液涂抹嫁接、修剪伤口防止腐烂病菌侵染。

（6）地老虎类和金龟子类：可用黑光灯、糖醋液诱杀成虫；2.5％溴氰菊酯乳油 1000 倍液杀成虫、卵与幼虫。

（7）小吉丁虫、天牛类可用 1 千克黄泥＋50 毫升敌敌畏乳油＋牛粪适量做成毒泥堵洞，成虫期可喷 2.5％溴氰菊酯乳油 2000 倍液杀死成虫，诱饵枝烧毁。

（8）溃疡病、枝腐病、褐斑病：树干涂白，喷石灰倍量式波尔多液 100 倍液或 70％甲基硫菌灵可湿性粉剂 800 倍液。

四、果实膨大期

（1）树盘覆土阻止害虫羽化出土；喷 50％辛硫磷乳油 800 倍液、2.5％溴氰菊酯乳油 1500～2500 倍液，每 15 天左右喷 1 次药，连喷 3～4 次，或地面撒 3％辛硫磷颗粒。

（2）用黑光灯、糖醋液诱杀各种成虫；用 2.5％溴氰菊酯乳油 1000 倍液杀成虫、卵、幼虫。

五、花椒采摘期

（1）天牛：人工捕杀成虫、砸卵、灯光诱杀成虫、用棉球蘸 80％敌敌畏乳油 5～10 倍液塞虫孔。

（2）花椒窄吉丁：人工捕杀、黑光灯诱杀成虫；于根颈部喷 50％辛硫磷乳剂 400 倍液杀幼虫。

（3）其他蛾类：用灯光诱杀成虫。

（4）刺蛾、尺蠖幼虫、成虫：喷 2.5％溴氰菊酯乳油 1500～2500 倍液，或 2.5％溴氰菊酯乳油 800～1000 倍液，或 10％氯氰菊酯乳剂 3000～4000 倍液。

（5）锈病、叶斑病：喷 200 倍石灰倍量式波尔多液，或 70％甲基硫菌灵可湿性粉剂 800 倍液，或 15％粉锈宁可湿性粉剂 800 倍液。

六、采收后落叶前

采果后结合修剪剪除枯死枝、病虫枝，防治小吉丁虫幼虫、天牛成虫、叶斑病、锈病、枝枯病等，剪除的病枝要集中烧毁。

七、落叶期

防治根腐病、枝枯病、流胶病，刮除病斑，刮口涂抹 70％甲基硫菌灵可湿性粉剂，或 3 波美度石硫合剂，或 1％硫酸铜液，或 10％碱水进行消毒；树干涂白防冻。防治腐烂病、枝枯病、流胶病，刮皮范围应超出病组织 1 厘米左右；刮口光滑严整，刮除病皮集中烧毁。

第六章

花椒花果管理与采收加工

一、防治病虫害

花椒谢花后，是病虫害发生高峰期，如跳甲、金龟子、蚜虫、天牛、吉丁虫、卷叶蛾、蚂蚁和叶锈病、干腐病、枯梢病等危害花椒，造成落果。可喷施杀虫净、吡虫啉、索利巴尔、强力灭牛灵、百虫灵、流胶威等高效、低毒农药及防落素、化肥精、磷酸二氢钾等营养配合剂，防效达90%以上（图6-1）。

二、施肥并补充营养

花椒树适应性很强，多数栽培在山坡地里，施用农家肥运输比较困难，所以多数习惯施用化肥，极易造成土壤板结、树体营养不良，导致花椒树易发病而早期落果，甚至死亡。可采取下面两条措施：一是对长势过旺的花椒树，剪去朝上长的徒长枝，减少营养消耗；二是追施多元素的有机肥料（农家肥），对成年结果树每株施农家肥 15～20 千克，加过磷酸钙和氯化钾各 0.5～1.5 千克。在施肥前最好在农家肥里拌上水，以利于树体吸收。10 年生以上的花椒树应适当加大肥量，也可用磷酸二氢钾作根外追肥，适当加点尿素。

图 6-1　喷药防治病虫害

三、调整水分

花椒比较耐旱，但不耐涝，积水或洪水冲刷都能使花椒树死亡。雨水过多时花椒树易徒长，并且容易落果，要立即采取措施进行调整；低洼潮土、周围积水严重的地块，应及时排水。土壤干燥板结、椒树叶枯萎的，应进行中耕锄草或根部松土，减少土壤蒸发。在晴天高温时绝不能给花椒树浇水。一年中最好在冬季给花椒树浇足过冬防寒水，翌年只是针对性地补充水分就行。

❧ 第二节 花椒的采收 ❧

花椒果实采摘和采摘后的管理是花椒栽培中主要环节之一，生产上常因采摘方法不当和采摘后过于简单粗放的树体管理，造成枝叶及枝组受损，养分积累减少，直接影响到下年花芽分化和开花结果。

一、采收时期

花椒的采收时间因品种而异，即使是同一品种，因立地条件的差异采收时间也不一致。一般以花椒外部形态标志确定适宜的采收时期，即花椒果皮呈现紫红色或淡红色，果皮缝合线突起，少量果皮开裂，种子呈黑色、光亮、散发浓郁的麻香味的时候采收。果实采收适时，所得果皮品质较优；采收过迟，会因自然落果造成产量损失；过早收获不但不能高产，还会使品质降低。采摘过早，果皮薄、色暗，果仁含油量低、品质差。采摘过晚，果实干裂落仁，影响收益。栽培品种不同，成熟时间差别较大，应灵活掌握合理的采收期。实践证明，早摘10天花椒产量会降低 10%～20%。雨量过多的年份，花椒会提前开裂落仁，应及时采收。有些花椒品种的果实成熟后果皮容易崩裂，种子散失，应在花椒成熟后的一周内采收完毕，以避免造成不必要的损失。

二、采收方法

1. 采摘前准备

采收前应准备采收工具如剪刀等，盛装花椒的用具如背篦、箩筐或花椒专用箱等。这些工具和用具都要求清洁无污染，为防擦伤花椒果皮、擦破油包、出现油椒，不能用塑料薄膜等不透气和有毒的物品作内衬。

2. 采摘方法

应选晴天露水干后进行采收。用剪刀剪下或用手轻轻摘下果穗，并轻轻放在背篦或提篮中，也可用提篮等接着，让剪下的果穗直接掉入其中（图6-2）。人工采摘时，不能用手捏着椒粒，以防油包破裂，影响干椒颜色；不能连枝叶一起摘下，以免破坏花芽，影响来年产量。花椒采收过程中，可对树体进行适当修剪。疏除过密枝、细弱枝、病虫枝、回缩下垂枝、交叉枝，短截果穗零散的老化枝。强枝果穗的采摘：在大椒穗下第一个叶腋间有一个饱满芽，这个芽是下一年的结果芽，要加以妥善保护，采摘椒穗时，一定不要连同这个腋芽摘掉，以免影响来年产量。弱枝果穗的采摘：弱枝果穗下第一个芽发育不饱

图 6-2　花椒采摘

满；第二个或第三个芽发育较为健壮，在采摘时应保留第二个或第三个芽，否则影响第二年产量。

3. 采摘注意事项

选晴天上午露水干后采收，不能在雨天和有露水时采收，否则使椒颜色暗淡、品质低劣甚至变黑发霉。在采收的全过程都要注意轻拿轻放，避免碰破油包。采收的花椒要做到无叶、无刺、无枝柄、无油椒、无变色椒。尽量做到在椒园一次性采收到不带枝、刺、叶的纯净花椒，省去在室内再整理的工序，以减少对椒果的碰撞摩擦。采收后必须及时摊晒，不能堆放太久。

三、采后椒园管理

1. 防旱保树

土壤水分含量低、土层瘠薄的园地，要在晴天早晨灌水保墒，最好树盘覆盖作物秸秆。

2. 深翻除草

在花椒采收后一周左右进行深翻除草，此时地上部生长缓慢，翻后正值根系第三次生长高峰期，伤口容易愈合，同时能刺激新根的生长。深翻最好与施入有机肥相结合，达到改良土壤、提高肥力、促使树体健壮生长的目的。深翻要注意保护根系。

3. 增施基肥

果实采收后立即施用基肥，这时正处于根系第三次生长高峰期，吸收能力较强，所吸收的营养物质以积累储备为主，可以提高树体营养水平，有利于来年萌芽和开花坐果。施肥量应依据树龄大小和产量而定，一般 6～8 年生的树，每树结椒 1

千克左右，可按每株施用充分腐熟的优质有机肥 10 千克并混以过磷酸钙 0.2～0.3 千克进行施肥。施肥方法以环状沟和放射沟逐年交替为主。

4. 合理修剪

合理修剪能够调节树体自身生长与结果的矛盾，达到年年丰产的目的。一般从采摘后到翌年发芽前均可，但以采摘后到10 月份以前和春季土壤解冻时修剪更好。对幼龄树以疏剪为主，疏剪与短截相结合；对盛果树以短截为主，短截与疏剪相结合；衰老树运用短截进行枝组更新（图 6-3）。

图 6-3　花椒采收后修剪

5. 病虫防治

在采收后清除枯枝、病虫枝、落叶，减少病虫源。及时防治花椒吉丁虫并且在越冬前用石硫合剂进行涂干，消灭枝干裂缝中的病菌和虫卵。

第三节 晾晒、分级与包装

一、晾晒

花椒摊晒的关键技术是要保证油包不破裂、完好无损，否则香气散发，颜色变黑，影响品质。采收后必须及时摊晒，不能堆放太久（图6-4）。

图 6-4 花椒晾晒

1. 摊晒的场地

干净并干燥的水泥地和竹席上均可摊晒。竹席最好用竹竿等物架空，以便通气，并可避免泥土等杂物混入。

2. 摊晒方法

密切注意当天的气象预报，根据当天天气变化情况，在早上太阳照射地面还未晒热地面前，将花椒轻轻摊撒在地面或竹席上，摊晒厚度应根据当天天气情况而定，气温高可适当摊厚，气温不高不宜摊得过厚，并且要厚薄均匀，不能起堆。

花椒在烈日下曝晒，不翻动，一般经5～6小时椒皮水分蒸发失水后就会开裂，待颗粒完全爆开后，只与果梗相连时，用竹棍轻轻拍打，先用筛子将果梗、籽与果皮分离，再用筛子将籽与果皮分开，注意在籽与果皮分开时要快速（用时要少，因此时花椒籽含水量高、温度高，如不能及时分离椒皮极易变黑，影响品质），即可得到色泽鲜艳、品质优良的花椒（图6-5）。

若遇雷雨天气不能及时晒干，将爆开的籽粒与果梗分离，并摊放在干净、通风的地方，厚度可适当加厚。如采收后遇久雨不晴，或摊晒条件不好的地方，也可采用人工烘烤方法，可用土烘房或烘干机进行干制。

图 6-5　干燥后的花椒

二、分级

一般商品花椒分为 4 个等级。

1. 特级花椒

成熟果实制品，具有本品应有的特征及色泽，颗粒均匀、身干、洁净、无杂质，香气浓郁、味麻辣持久，无霉粒、无油椒。闭眼、椒籽两项不超过 3％，果穗梗≤1.5％，含水量≤11％，挥发油含量≥2.5％。

2. 一级花椒

成熟果实制品，具有本品应有的特征及色泽，颗粒均匀、身干、洁净、无杂质，香气浓郁、味麻辣持久，无霉粒、无油椒。闭眼、椒籽两项不超过 5％，果穗梗≤2％，含水量≤11％，挥发油含量≥2.5％。

3. 二级花椒

成熟果实制品，具有本品应有的特征及色泽，颗粒均匀、身干、洁净、无杂质，气味正常，无油椒，霉粒≤0.5％。闭眼、椒籽两项不超过 15％，果穗梗≤3％，含水量≤11％，挥发油含量≥2.5％。

4. 三级花椒

成熟果实制品，具有本品应有的特征及色泽，颗粒均匀、身干、洁净、无杂质，气味正常，无油椒，霉粒≤0.8％。闭眼、椒籽两项不超过 20％，果穗梗≤4％，含水量≤11％，挥发油含量≥2.5％。

三、包装

将花椒经晒干清选后所得到的椒皮进行分级，分级后应装入干净的麻袋和聚乙烯塑料袋的双包袋内，以防走色、跑味，并标明品种、等级、重量、产地等，贮藏在干燥通风处，或运交加工厂进行加工处理。应注意制干后的花椒品质要求色泽鲜艳、椒籽含量少，用手轻轻拿握，有扎手感，并有沙沙响声；不得有霉烂粒和其他杂质，并符合国家食品卫生标准。

第四节　花椒采后加工与利用

花椒的经济利用部分主要是果实。其果皮富含挥发油，可提取芳香油，作食品香料和香精原料。果皮具有浓郁的麻香味，是调味佳品；种子含油量达 7.8%～19.5%，可榨油，食用或作油漆、肥皂、润滑油的原料；果皮、果梗、种子与根、茎、叶均可入药，有温中散寒、燥湿杀虫、行气止痛的功能，还可用来防治仓储害虫（驱虫），其提取物可用作生物农药；嫩枝与鲜叶均可直接作炒菜或腌菜的辅料，青干叶可作烤制面食的香料；油渣可作饲料和肥料，茎干是细木工的好用材。

一、花椒皮加工

收获的干椒皮中混有树叶、果柄、种子等杂质，在进入市场或作为深加工原料前，要进行杂质清理、颗粒分级，然后粗加工装袋或粉碎装袋。

1. 袋装花椒加工

将采收的花椒果皮晾晒后去除残存的叶片、果柄、种子等杂质，分级定量，包装后作为煮、炖肉食的调料或药材上市。

工艺流程：花椒果皮→晾晒→搅搓→清选（去除杂质）→净果皮→分级→装袋→封口→袋装花椒成品。

2. 花椒粉加工

将干净的花椒果皮粉碎成粉末状，根据需要定量装入塑料袋或容器内，封口，即成为花椒粉成品。

工艺流程：花椒果皮→清选（去除杂质）→净果皮→烘干→粉碎→包装→封口→花椒粉成品。

主要设备有清选设备、烘干设备、粉碎机、装袋机、封口机等。

二、花椒油加工

花椒果实放入食用油中加温，使其芳香油和麻味素迅速溶解，可得到香麻可口的花椒油。

1. 油淋法

将鲜椒采回后，放入细铅丝编的或铝制漏勺中，用180℃的油（油椒比为1∶0.5，即0.5千克油，0.25千克花椒，可制成花椒油0.45千克）浇到漏勺中的花椒上，待椒色由红变白为止。将淋过的花椒油冷却后，装瓶、密封，在低温处保存以保证质量。

2. 油浸法

将油椒比为1∶0.5（鲜椒）的菜油放入铁锅里，用大火煎沸到油泡散后，油温达102～140℃时，把花椒倒入油锅中，立即盖上，使香麻味溶于油脂中。冷却后去渣，装瓶。用此法加工的花椒油，其香麻味更好些。因用鲜花椒加工，下面有一层水分，装瓶时要注意，免得影响质量。

用这两种方法制花椒油时，除要采用优质花椒外，还要严格掌握油温。温度过高，麻味素受到破坏，芳香味也迅速挥发。温度过低，麻味素与芳香油没充分溶解，花椒油质量不高。当前测油温多用高温温度计，既方便又准确，对提高花椒油质量具有重要作用。

三、花椒新产品的开发

1. 探索开发花椒化妆品

利用花椒开发植物化妆品和香料，值得重视。花椒果皮含有挥发油，油的主要成分为柠檬烯、香叶醇，此外还有植物甾醇及不饱和有机酸等多种化合物。花椒果皮是香精和香料的原料。

2. 探索开发花椒药品

花椒性味辛、温，归脾、胃、肾经。有温中散寒、除湿、止痛、杀虫、解鱼腥毒的功效。治积食停饮、心腹冷痛、呕吐、呃逆、咳嗽气逆、风寒湿痹、泄泻、痢疾、疝痛、齿痛、蛔虫病、蛲虫病、阴痒、疮疥。坚齿发、明目。外治湿疹瘙痒。治痛经、治秃顶、治痔疮、治膝盖痛。又作表皮麻醉剂，有温暖强壮作用。椒目（花椒种子）为利尿药，用于慢性浮肿腹水。

3. 探索开发杀菌药物

花椒对炭疽杆菌、溶血性链球菌、白喉杆菌、肺炎双球菌、金黄色葡萄球菌、柠檬色及白色葡萄球菌、枯草杆菌等革兰氏阳性菌，以及大肠杆菌、宋内氏痢疾杆菌、变形杆菌、伤寒及副伤寒杆菌、绿脓杆菌、霍乱弧菌等肠内致病菌均有明显的抑制作用。

4. 探索开发花椒保健食品

花椒适宜胃部及腹部冷痛、食欲不振、呕吐清水、肠鸣便溏之人食用；适宜中老年人风寒湿性关节炎者食用；适宜肾阳不足、小便频多者食用。忌食：阴虚火旺之人忌食；孕妇忌食。

5. 探索开发花椒叶食品

花椒嫩叶可食，可被开发成菜肴、花椒芽罐头、花椒芽菜等。

参考文献

［1］ 中国植物志［DB/OL］.（2019-07-20）. http://frps. iplant. cn/.

［2］ 路世竑，闫书耀主编. 花椒与花椒芽菜高效生产技术. 北京：中国农业科学技术出版社，2017.

［3］ 张鹏飞主编. 图说核桃周年修剪与管理. 北京：化学工业出版社，2015.